30分鐘, 輕鬆做 無油煙烤箱料理

Amanda ◎著

輕鬆用烤箱，無油、美味又健康

　　繼《30分鐘，動手做醃漬料理》、《30分鐘，動手做健康醬》後，這已經是我的第三本書了。如果大家有注意到我前兩本書，就會發現「健康料理」一直是我最主要的精神，因爲沒有什麼比健康更重要了。

　　台灣這幾年陸陸續續有很多的黑心商品、黑心商人被揭發，我們也漸漸明白，爲什麼台灣大腸癌人數逐年攀升？爲什麼某些特殊的疾病愈來愈多？實在是因爲「吃」出了問題所造成的。

　　若不想吃進一身毒素，想要有健康的身體，「自己動手做」就是一件大家應該慎重考慮的事。接下來一定有人會說，要上班、要帶孩子、要侍奉公婆，還要做丈夫的好幫手……每天都有忙不完的事，怎麼可能還有時間天天自己做呢？

　　料理真的沒有想像中難，而且簡單就能吃得到健康。如果你不信，看看我的書吧！只要幾個步驟，你也可以幫一家人煮出一桌健康的好料理。

動手做第一步，先用烤箱試試！

　　你一定想到要動手自己做料理，就會想到一堆鍋碗瓢盆，一身油膩、臭汗，但！真的一定要這樣才能做出好料理嗎？不用地～

　　像我，廚房中必備的料理工具之一就是——烤箱。在我非常忙碌時，它是我的最佳幫手，適時的縮短子我在廚房的忙碌時間。

　　有了它，你可以不必站在爐子前冒一身汗做料理，它沒有電磁波沒有油煙，不用忍受排油煙機的吵雜，可以很輕鬆就完成一道料理、一整桌餐點。

　　本書除了大家最熟悉的燒烤料理外，還有許多原本可能被以爲只能在瓦斯爐上完成的料理，我也改用烤箱代勞，讓烤箱除了烤之外，也能發揮蒸、煮、燉的功能。

無油料理，非它不可！

原先規畫這本書時，就希望能儘量利用食材本身的油脂，不需另外添加油，就能夠吃的健康。

然而，並不是每一道料理都有肉品提供油脂的來源，那麼該如何克服呢？這我思考了很久。

完全沒料到，在撰寫與試作料理的過程中，台灣竟爆發了有史以來最大的食安問題，不肖商人竟然使用餿水油、飼料油等非食用油，一再危害國人健康，也因為這個事件，我更決定，一定要以「無油」的方式，提供大家一個全新的料理方式與概念。

與其看生產履歷，不如親身經歷！

在選購食材上，我做了不少功課，除了詳細的看由政府監督把關的所謂「生產履歷」外，一有機會，我還會親自到食材的原產地走走看看，因此，這段時間，不但完成了食材小旅行，認識了更多食材產地，也從中找到許多樂趣。

我本身就是農家小孩，對農事並不陌生，所以在做這趟食材小旅行時，不僅備感親切，也能重溫農家特有的樸實感，相信這是從小在都市長大的孩子所不能體會的。

我去過苗栗公館鄉採紅棗、新竹北埔茶園尋找東方美人茶、南投埔里採茭白筍、拔超難拔的宜蘭三星蔥，採冬山鄉的茶葉還揉茶、認識了雲林的山藥和薑黃，以及文旦柚……豐富的旅程，讓我增加了不少食材上的知識。

原來新鮮紅棗脆又甜，有小綠葉蟬才能產出東方美人茶一樣的優質茶葉，新鮮的茭白筍甜度竟有點像是微甜的甘蔗，現採現做的蔥油餅滋味更香甜多汁，知道原來山藥住在水管裡，樹藤還能製造夢幻綠色隧道，也搭了採蚵車遊海港，到養殖場認識魚場生態抓文蛤，還親自體驗製作茶樹精

油和手工皂……每一次旅行都是一次新的體驗。

此外，還有觀光工廠各種不同體驗，台東關山鄉米國學校學習挑選優質米粒，池上鄉體會童玩製作以及稻草編織，古早味爆米香樂趣多，中壢工廠內自製豆腐乳，宜蘭試做金桔蜜餞，也到農村酒莊看看當地特產製作的水果酒，有部分農會經營的酒莊還參與世界各地比賽拿了不少冠軍獎杯。

這些都是平日不會接觸到，懂得食材如何種植你會更珍惜這些食物，現在好多農產都採自然農法以及有機種植，種植困難度增加，收成卻更少，也更覺得食物的珍貴。

選對食材，絕對省油！

要省油，就一定要選對食材，料理最基本的也就是選購食材，再針對烤箱的工具特性，有些小細節就一定要先留意，這樣才能讓烤箱充分的幫我們分憂解勞，做出一桌子的好料理。

現在我們先來了解有哪些食材富含油脂，又有哪些食材不一定要有油脂但一樣很美味，若確切必須添加油脂又能以哪些食材來做替代，而不是必定得加入經過粹取的油脂。

肉類有豐富油脂這一點大家應該都知道，而像是五花肉這種表面一看就知道油脂非常多，瘦肉看似沒有油脂其實還是含有少量油脂。海鮮類則大多沒有油脂除了魚，魚腹部多少都帶有油脂，有些魚則是全身都有豐富油脂，例如鮭魚、秋刀魚、鯖魚。

蔬菜、瓜果大都是不含油脂，若擔心太過乾澀影響口感，可加入少量豬肉絲或豬絞肉增加油脂，如果偏好海鮮也可添加無刺魚肉，再加入少許蔥薑去腥。而菌菇類含有豐富多糖體，不需油脂也滑潤又順口，絲瓜、茭白筍原味蒸或烤都很美味也可不加油脂。

堅果類則是都有著豐富油脂，但也大多使用在烘焙餅乾，市面上的餅乾卻都添加了大量動物油脂，甚至是含反式脂肪的酥油，這樣的甜點健康

嗎？值得大家三思。

總而言之能少油盡可能少油，不但可以吃得更健康也更能吃出食物的原味，請備好食材，打開你的烤箱，爲自己更爲了家人，下廚吧。

或許你也注意到這本書與前兩本書有極大的不同，第一本《30 分鐘，動手做醃漬料理》談的是漬物，以健康的理念，低鹽、低糖及少油方式做出美味醃漬料理，也帶出醃漬物可變化的家常菜餚。第二本《30 分鐘，動手做健康醬》談的是醬料，區分有果醬、料理用醬料及早餐、下午茶會用到的抹醬，一樣以低鹽、低糖及少油方式來做處理，其中最大特色是果醬料理，也是一種創新的作法，值得大家細細品嚐。

而這本烤箱料理回歸我最愛的家常料理，也是每天下廚必定會做的菜餚，差別只在於全部以烤箱來料理，而且除了食材本身的油脂之外，完全不加一滴粹取油脂，不論是動物油或植物油，再帶出幾道常做給家人吃的小點心，每一道都很家常卻也不失美味，保留傳統的媽媽味道，終歸還是爲了家人的健康，希望你也會喜歡這樣的料理方式。

烤箱料理
CONTENTS
目錄

Part 1

16/ 烤食蔬：
美味不乾澀

Part 2

46/ 烤魚肉：
不腥不膩主廚菜

Part 3

148/ 小點心：
省時省力，輕鬆吃點心

Part 4

166/ 想到的都能烤：
主食不用想破頭

烤箱傢俬大公開

NOTE *1* 烤箱的優點及使用

使用烤箱最大優點是沒有油煙也不必顧爐火，只要設定好溫度就可以離開，烹調時不但沒有油煙，夏天也不必站在爐火前冒著一身汗準備餐點。

且大部分只要一個烤碗、烤盤或一個陶鍋就能夠完成，可以減少清洗烹調器具，這對不愛廚房油煙的人來說是最好的料理工具。

但是，有優點就一定有缺點，下面我就來分析一下烤箱的優缺點：提供給讀者參考。

優點 1　無油煙

烹調過程不管是哪種料理，只要備好食材擺入烤箱，不像炒鍋是開放式會有油煙產生，自然也用不上排油煙機。

優點 2　不必顧爐火

不論哪種機型都有定時開關，只要設定好溫度、時間，在過程中大多不必觀察，烘烤時間一到，這料理也就完成。

優點 3　工具簡單

不必準備好多鍋碗瓢盆，只要烤盤或烤碟加上陶鍋，就可以烘烤各式不同料理。

缺點 1　溫控需經驗

每一台烤箱溫度都有差異，必須熟知烤箱溫度，拿捏準確才能事半功倍，料理才能如預期一樣美味。

缺點 2　可能費時費電

燉煮食物費時又費電，但也有解決方式，肉塊改用肉片，食材切小切薄即可縮短烹煮時間。

缺點 3　清洗需技巧

有油脂的食物烘烤中會噴發油汙在烤箱內，必須等降溫再清洗避免燙傷，等候中常會忘記，時間久了容易卡油不易清洗。

　　如果你幾乎不做料理，那只需要一台小烤箱，價格便宜，可以烤土司及加熱食物。如做料理用，那你至少需要一台家用中型烤箱，本書所使用的烤箱，這類烤箱大小適中做家常料理足夠了。若您時常做麵包、蛋糕及糕餅類，烘焙甜點，那最好購買一台專業烤箱，除了上下火溫度可分開設定，溫度也比較穩定容易掌控，使用上更能得心應手。

　　如何選購一台適合自己的烤箱呢？先不論品牌，挑選烤箱首先要先衡量廚房空間大小以及使用頻率再做選擇，基本的烤箱大約區分四種類型如下：

小型烤箱：

　　機體小重量輕，燈管加熱價格便宜，但不能調整溫度，也不是恆溫裝置，使用時間越長溫度越高，烤箱內部空間小，舊型只有一個定時開關，新型可上下火單獨烘烤或全烤，一樣不能設定溫度，適合烤土司、烤香腸，溫熱麵包。

　　小烤箱烘烤食物不能疊太高，否則5-8分鐘內就會燒焦，不過只要懂得拿捏時間，也可以烘烤披薩、雞蛋糕或做焗烤。

中或大型烤箱：

　　中大型機體重量輕，價格約小烤箱3倍以上，大多是燈管加熱，溫度可控制在0-250度，但溫度比較不穩定，開關區分上下火及全開，但只能設定同一個溫度，缺點是兩旁受熱不平均。

　　適用各種料理烘烤，中西式小點心，餅乾，蛋糕，烘烤中間需要將烤盤轉方向，讓食物受熱均勻。

旋風式烤箱：

　　本書所使用的即是這種烤箱，尺寸有中及大型，溫度可控制在0-250度，溫度一樣比較不穩定，開關區分上下火及全開，但只能設定同一個溫度，優點是增加旋風裝置，若溫度不平均只要打開旋風裝置，就能夠讓熱氣在烤箱內循環，不會有兩側溫度不平均情形產生。

　　適用各種料理烘烤，中西式小點心、餅乾、蛋糕。

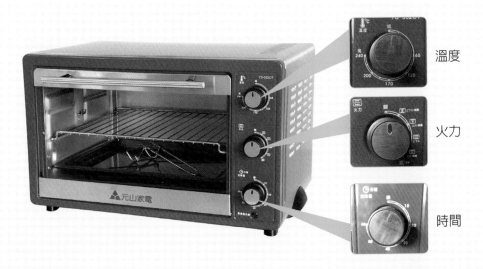

溫度

火力

時間

專業烤箱：

　　材質特殊機體較重，價格昂貴至少萬元起跳，外型較大，非燈管式烤箱，內部有較多加熱管及加熱版，可讓溫度更平均，且上下火可分開設定溫度，更容易掌控，加設有蒸氣爐方便做蒸烤，烘烤顏色也較均勻，適合專業烘焙，烘烤麵包、蛋糕及糕餅類會更加得心應手，用來料理也很適用。

NOTE.*3* 使用烤箱一定要注意的事

　　烤箱絕對不是買回來後，就可立刻插上電啓用的，有些注意事項一定要小心，才不會還沒烤出什麼好吃的，就弄得一身傷，甚至發生危險或弄壞烤箱。

STEP 1　組裝需確實

　　新烤箱除了主機體至少有到兩個烤盤架，烤箱內部要先用濕布擦拭過，烤盤架也需先清洗晾乾，烤箱旁有凹槽要確實嵌入同樣高度。底部架好烤盤，上層爲烤架。烤盤架可依料理移動高低。

STEP 2　拆封先去味

　　新烤箱就像新家具一樣必須先去除異味，只需一個簡單的步驟，利用果皮香氣，鳳梨還有柑橘類果皮，這些都帶有精油香氣，是很好的天然清香劑。

　　烤箱內部擦拭乾淨，烤盤擺入鳳梨皮，果肉朝上，或是柑橘類，例如：橘子、柳橙、檸檬及柚子，這些則建議果皮朝上，開啓烤箱上下火約 180 度烘烤 30 分鐘，烘烤過程會發現微冒煙那是正常，果香在爐內環繞異味即可去除。

STEP 3　清潔要注意

1. 於清潔保養前應先拔掉插頭，並等待本體冷卻後再開始清理，以免發生觸電或燙傷的危險。

2. **烤箱外側：**可用廚房用清潔劑，擦清污垢後，再使用擰乾之抹布擦拭。

3. **烤箱內部：**烤箱烹調時若食材油脂豐富，烤箱內部很容易噴滿油漬，使用後必須等溫度降低但還有餘溫時，取濕布巾擦拭。（抹布不可太濕或會滴水，以免因滴水造成烤箱故障）。

   若油汙較重，濕棉布噴上少許天然清潔劑做擦拭。也可使用 2 大匙小蘇打加水 100CC 攪拌均勻，以此代替清潔劑使用。

   如若忘記擦拭，間隔一段時間油汙不容易去除，取廚房紙巾噴灑清潔劑再貼入烤箱壁面等候半小時至一小時再做清潔，使用清潔刷輕刷再擦拭乾淨，千萬別使用鋼刷，會破壞烤箱內層。

4. **置物盤及支撐網清洗：**置物盤及支撐網均可取出用水清洗，但洗後需用乾布擦乾以免日後生鏽，若油垢嚴重則可用溫水加清潔劑，浸泡 30 分鐘後再清洗，切勿使用鋼刷或用金屬類刷洗，以免刮傷表面。

5. **電熱管保養：**食物烘烤中所滴下的油垢若附著於電熱管表面，會產生油煙並使得電熱管表面變黑，因此每次使用後需清理乾淨。

6. 底部可以舖一張紙巾或錫箔紙，盛接滴下來的油脂，清潔時會比較方便。

烤箱內都有烤架及烤盤，小型烤箱則只有一個烤架，中型烤箱則有一個烤架及一個烤盤，有些還附上防燙夾。

這裡，我根據我們書中會用到的工具，一一詳列如下：

1. 可重複使用的烤盤布或是烤盤紙（烘焙紙）：

這兩種只有在烘焙坊才能找到，尺寸有分大小，不一定跟自己的烤箱一樣大小，可以剪裁適合家中烤箱使用。

烤盤紙適合單次使用，烤乾爽的餅乾類最多可用兩次。烤盤布可重複多次使用，髒汙可清洗晾乾即可。

2. 鋁箔紙、鋁箔盒：

容易烤焦的食物都可用鋁箔紙包裹烘烤，也可以代替鍋蓋附蓋食物及鐵盤。

鋁箔盒適合烤蛋糕，水分多的食物。

3. 鐵製烤盤、鑄鐵鍋、鑄鐵盤或可耐熱陶碗及烤碟及陶鍋：

鐵製烤盤及鑄鐵盤很適合烤肉、烤魚，水分不會積在烤盤上，比較容易烘烤乾香。

富士亞哲一鍋具補充型號及說明

《及源鑄造》鑄鐵平底燒烤盤 · 烤魚盤 (大型)
- ■尺寸：約寬 27.5× 深 20.5× 高 1.5cm(含把手約高 2cm)、木製隔熱墊／約 20cm×20cm1、重量約 1.2kg
- ■材質：本體／鐵鑄物、隔熱墊／燒杉
- ■附迷你食譜、可拆除式手把、燒杉隔熱鍋墊
- ■可使用於瓦斯爐 · 電磁爐 · 烤箱
- ■日本製

《及源鑄造》鑄鐵迷你烤鍋 · 10cm 圓型款
- ■直徑：約寬 9.8cm(含手把寬 13.5cm)× 深 11cm× 高 8.5cm
- ■材質：鐵鑄物
- ■重量：0.9kg
- ■容量：0.4L
- ■可用於瓦斯爐 烤箱 電磁爐
- ■日本製

烤箱用工具必需確認能夠耐高溫，陶碗、烤碟適合使用在海鮮、蔬菜及燉煮，陶鍋用來燉煮最好有鍋蓋，也可用鋁箔紙替代鍋蓋。

有蓋陶碗：少份量食物需要燜烤都適合，如燜蛋、燜煮瓜果、肉類。

無蓋陶碗陶碟：適合底層需要保留較多水份的食物，食物烘烤過程比較不會焦底。焗烤類最適合用陶製器具烘烤。

有蓋陶鍋：適合燉煮及紅燒，水分較不易流失。

4. 隔熱手套：

　　剛使用過的烤箱內外溫度都很高，一雙有厚度棉質隔熱手套，材質柔軟方便手指活動，長度需超過手腕，千萬別拿抹布代替隔熱手套，手背很容易燙傷。

　　這些配件都可在各大賣場及五金行找到，有些則必須在食品烘焙坊購得，例如烘焙紙、烘培布，特定尺寸鋁箔盒。

燒烤醬汁不藏私

　　燒烤醬汁大多不需烹煮，只要調配適合比例即可，唯獨照燒醬汁例外，熬煮濃縮再做使用。

照燒醬
　　材料：醬油 3 大匙、米酒 3 大匙、麥芽 3 大匙、砂糖 1 大匙、水 150cc

　　烤箱不預熱 200 度上下火烤 35 分鐘

椒麻燒烤醬
　　材料：麻辣醬 1 匙、蒜泥 1 匙、醬油 2 大匙、米酒 2 大匙、糖 1 匙

蒜香燒烤醬
　　材料：蒜泥 1 大匙、沙茶醬 1 大匙、醬油 2 大匙、米酒 2 大匙、糖 1 匙、白胡椒粉 1/2 匙、五香粉 1/4 匙

蜜汁燒烤醬
　　材料：米酒 2 大匙、糖或蜂蜜 2 匙、白胡椒粉、鹽 1/6 匙

酸辣燒烤醬
　　材料：薄鹽醬油 2 大匙、米酒 1 匙、糖 1 大匙、白胡椒粉 1/4 匙、鮮辣椒末 1/2 匙、檸檬汁 2 大匙

沙茶燒烤醬
　　材料：沙茶醬 2 大匙、醬油 1 大匙、蒜泥 1/2 匙、糖 1/2、米酒 1 大匙

南腐燒烤醬
　　材料：豆腐乳 2 塊、蒜泥 1/2 匙、糖 1.5 大匙、米酒 1 大匙

泰式燒烤醬
　　材料：香茅、魚露 1 匙、薄鹽醬油 1 大匙、糖 1 匙、蒜泥 1/2 匙、米酒 1 大匙

> **附注：**
> 麻辣醬作法可見《30 分鐘健康醬》一書
> 沙茶醬作法可見《30 分鐘健康醬》一書

Part 1

烤食蔬：
美味不乾澀

01

烤胡椒菇美人腿

剝開茭白筍綠色外殼露出白嫩細緻果肉，像極了美人纖細的腿，因此有著「美人腿」稱號。

口感與竹筍有點相似的茭白筍，卻沒有竹筍的粗纖維，反而清爽細緻，因此在沒有竹筍的季節，我總愛拿它代替竹筍，煮一鍋酸辣湯或鹹粥都很適合。

茭白筍雖不像竹筍能燉湯或搭配滷肉，但卻非常適合烘烤、炒或清蒸，沾少許海鹽就很好吃了，不需多加調味，因此每到中秋，市場上總會擺滿帶殼茭白筍。

我個人還挺喜歡單純的烤茭白筍，因為可以吃得到茭白筍原始的甜味，只要不要烤太久、太乾，茭白筍本身水分還挺多的，光是撒點鹽花，就能烘烤出食材的好滋味，下回碰到茭白筍的產季時，大家不妨試試看。

☑**材料：**

杏鮑菇2根、茭白筍3-4根、黑胡椒1/2匙、蒜頭3顆、醬油1匙、冰糖1/2匙、水120cc、太白粉1/2匙

☑**作法：**

1 杏鮑菇洗淨切1cm厚圓片，擺入烤盤。 **Ⓐ**、**Ⓑ**

2 茭白筍去殼洗淨，斜切0.3cm厚片，擺入烤盤，加2大匙水。**Ⓒ**

3 蒜頭去皮洗淨，切末。太白粉加1/2匙水調開。

4 烤箱上下火220度預熱10分鐘。

5 茭白筍與杏鮑菇可同時入烤箱，置放中層與下層，
或同時擺放中層，烘烤10分鐘。**Ⓓ**

> **貼心小提醒**
> 量不多一起烘烤可以節省能源。

6 蒜末加黑胡椒、醬油、砂糖、水及太白粉攪拌均勻，入烤箱烘烤5分鐘，拉出攪拌，再推入烤5分鐘。**Ⓔ**

> **貼心小提醒**
> 醬汁有點濃稠比較容
> 易掛在食材上。

7 把醬汁、茭白筍及杏鮑菇攪拌一起，再入烤箱烘烤5分鐘。**Ⓕ**

Amanda
的心情廚房

沒去過埔里也都知道埔里特產是茭白筍,但去過幾回埔里卻一直沒機緣見到茭白筍園。

或許有人真的聽到我的心聲,特地安排一個到埔里看茭白筍的行程,我不僅看,還穿著青蛙裝下田學習採收茭白筍,只是當日炎熱天氣弄得一身汗,穿著雨鞋的腳底像似要燒焦了,但也因為這樣,我終於體會到種茭白筍的人有多辛苦了。

不過在吃到剛採收到甜美茭白筍後,所有辛苦馬上遺忘。鮮採的茭白筍嫩又甜,味道像極了甘蔗,甚至比甘蔗更清甜,而且非常的爽口呢。

茭白筍園

料理大變身：

茭白筍及杏鮑菇烘烤過,原味就很好吃了,不過還是有很多人不習慣沒添加味道的食物,所以這道我特別加了黑胡椒醬汁來提味。

不想吃辣或想吃的更清爽?那建議把醬汁做更換,同樣食材使用不同醬料就能變化不同的料理。

酸甜醬如何?

無糖水果醋或檸檬汁一大匙、自製柚子果醬一大匙,再加1/6匙鹽拌勻,不必加熱,直接淋上食材即可。

偏愛酸辣呢?與酸甜醬同樣醬汁再加入切碎辣椒末,再加些香菜末又是不同味蕾享受。

02

焗烤馬鈴薯片

孩子從小就愛吃起士,也常要求我做起士料理,我也開心常為他做各種不同的小點心,以前家中只有一台小烤箱,除了雞蛋糕,偶爾也烤披薩、焗烤炒飯,焗烤馬鈴薯泥,幾道簡單的料理輪著做。

焗烤必須挑選品質好的起士,品質差的不僅沒奶香味,也可能烤了十幾分鐘還沒出現焦香味,也不知道是水分太多還是乳脂肪太低。

不過焗烤雖然好吃建議還是適可而止,起士雖然是高鈣食物但也是高熱量食品,不管任何食物過量總不好,美食還是淺嚐即可,太常吃還是會膩的。

☑**材料：**
馬鈴薯2顆、起士條約5大匙、培根1片

☑**作法：**

1 馬鈴薯洗淨去皮、橫切1cm厚圓片。培根切細條。 Ⓐ、Ⓑ、Ⓒ、Ⓓ

2 烤箱上下火170度預熱10分鐘。

3 烤盤鋪上烤盤紙，馬鈴薯擺入烘烤20分鐘。 Ⓔ

貼心小提醒
馬鈴薯表皮若已經發芽，
千萬別食用。

4 烤箱溫度改為200度上下火，再烤10分鐘。

貼心小提醒
馬鈴薯不容易熟，低溫烤
熟後，再以高溫烤香。

5 取牙籤插入，確認馬鈴薯是否熟透，若不夠熟再烤5分鐘。

貼心小提醒
牙籤容易插入即
表示熟透。

6 馬鈴薯片擺放小烤碟，每一片鋪上一層起士條，
再擺3-5條培根絲。 Ⓕ、Ⓖ、Ⓗ

7 再入烤箱，開上火240度烘烤8-10分鐘，
起士條完全溶化，培根微焦即可。 Ⓘ

貼心小提醒
起士與火腿都必須烘烤微
焦才有香氣。

台灣有許多大大小小的畜牧場，提供國人肉品及鮮乳來源，往年只知道起士成品或食材都是仰賴進口，2013年台灣才有牧場因為冬天鮮乳生產過剩，所以會採用自家鮮乳製做起士，冬天做好再放置到隔年上市。

為此我特地來到台南農會經營的走馬瀨農場，這裡有數種牛隻混養，以農場種植的牧草畜養，可惜他們沒有起士製作，但有提供最新鮮的乳品，還有提供適合人食用的養生牧草餐，值得品嚐。

台南——走馬瀨農場

料理大變身：

焗烤過的馬鈴薯很適合做濃湯喔，只要將鮮奶跟水各一半加少許的糖，而馬鈴薯盡可能壓成碎泥，加入鮮奶水中攪拌，水的份量最好是馬鈴薯的2-3倍，若水太多則無法成為濃稠湯頭，也可再加入1-2匙麵粉增加濃稠度。

蓋上鍋蓋鋁箔紙留一小縫隙，以烤箱上下火220度先預熱5分鐘，濃湯再置入烘烤10-15分鐘就是現成的馬鈴薯起士濃湯。

03

香草烤菌菇

時常提醒在外就學的兒子飲食要均衡，就算喜愛大魚大肉，也要記得多吃些蔬菜、水果均衡營養，除了對身體健康有益也能避免三高。

既然說到飲食均衡，自然也要提一下本書主角「烤箱」，用它來料理三餐也是相同道理，別只是烤魚、烤肉或是做焗烤，偶爾也烤一碟蔬菜來吃吧。

蔬菜採用烘烤方式除了方便，還能保留食材風味，而未添加油脂，原汁原味的食物更是鮮甜美味，不過帶著苦味的蔬菜就不適用原味料理了。

我認為原味料理中菌菇跟蔬菜是好朋友，所以特別喜歡將他們搭在一起，菌菇不管是搭配肉類或蔬菜都很契合，一點也不覺得突兀。香草烤菌菇這道用的是常見的杏鮑菇與鮮香菇，這兩款出水量較少，若喜歡水分多的人可再增加半把金針菇，或者蓋鍋蓋使用蒸烤方式。

☑ 材料：

中小型杏鮑菇2根、鮮香菇3大朵、綠蘆筍半把、迷迭香一小段、嫩薑一小塊、海鹽1/5匙、砂糖1/4匙

☑ 作法：

1 杏鮑菇洗淨對切，切0.2cm薄片。香菇洗淨對切，梗取下，分別切薄片。 Ⓐ

2 綠蘆筍挑除根部粗纖維，洗淨切段。嫩薑洗淨切絲。迷迭香洗淨。 Ⓑ

貼心小提醒
綠蘆筍偶爾纖維較粗，
確定容易折斷才嫩口。

3 杏鮑菇、香菇、嫩薑置入烤盤，採少許迷迭香葉片加入。 Ⓒ

4 240度全開預熱10分鐘。

5 海鹽、砂糖加入菌菇中攪拌均勻。 Ⓓ

貼心小提醒
入烤箱前才加調味料攪
拌可避免未烤就出水。

6 烤盤置入中層烘烤8分鐘。

7 取出烤盤拌入綠蘆筍，再入烤箱烘烤7分鐘。 Ⓔ、Ⓕ

難得有機會進入有機生菜農場參觀，主人親自接待，介紹各種生菜及香草來自哪些國家，用黑網覆蓋的溫室可避免生菜被陽光曬傷。

這裡種植幾十種看過及沒看過的生菜與香草，當然也有一小片迷迭香的天空，而這株來自南非的「冰菜」最讓我驚豔，細看葉片上閃閃發亮的可不是露水或是水珠，那是冰菜自然形成的結晶體，葉片還帶有淡淡的鹹味很特別。

冰菜

料理大變身：

第一次烘烤時可加入幾顆切片小番茄，烤出另一種酸甜滋味，迷迭香也可更換巴西里、蘿勒，甚至萬壽菊葉片，不過蘿勒不適合烘烤，萬壽菊葉也不宜烤太久，烤綠蘆筍時再加入即可。

不同品種的香草，都能為這道清爽料理增添特別的風味，除了迷迭香別加太多，因為味道會太過濃郁，而蘿勒與萬壽菊味道都很清香，多加一倍用量也無妨。

魚香苦瓜

苦 瓜是個很極端的食物，它的苦味是讓人又愛又恨，愛它的人極愛，不愛的人用「極怕」兩個字來形容，這說法也一點也不誇張。

不過我家人大都對苦瓜來者不拒，不管是炒、滷，或燉雞湯、排骨湯，亦或是苦瓜封，就算不秒殺，也時常出現搶食畫面。對怕極了苦瓜的朋友們來說，大概會是很難想像的畫面吧。

小時候，我也是怕苦瓜一族，就光是那苦味，還沒吃，滿滿的食慾就已經被一陣恐懼感給掩蓋了。而為了讓我們別那麼排斥，媽媽總是做「苦瓜封」來騙我們吃，起初，還是無法克服對苦味的恐懼，只敢吃內餡，頂多再勉強喝兩小口湯，當時的我，萬萬沒有想到，成年後的我竟會如此喜愛苦瓜。

根據專家研究苦瓜的營養價值很高，包括蛋白質、脂肪、碳水化合物、膳食纖維還有各種維生素等，在瓜類蔬菜中算含量較高，特別是維生素C的含量居瓜類之冠，有瓜中C王之稱。其中，青色（含野苦瓜／山苦瓜）苦瓜與空心菜、綠花椰菜相似，含有胰化酶，能把不溶性蛋白轉換成可溶性蛋白而被人體吸收，因此經常食用苦瓜，對人體是有極大的好處的。

☑材料：

苦瓜一條約300g、小魚乾1.5大匙、絞肉2大匙、豆豉1大匙、蒜頭5顆、青蔥一根、砂糖1/4匙、鹽1/6匙、水150cc

☑作法：

1 苦瓜洗淨對切，去籽切薄片。蒜頭洗淨去皮，切細末。
青蔥去根洗淨，切末。Ⓐ、Ⓑ、Ⓒ

貼心小提醒
苦瓜切薄片容易熟軟。

2 蒜末、絞肉、小魚乾及豆豉置入陶鍋。Ⓓ

3 烤箱上火170度預熱5分鐘，絞肉、小魚乾擺入烤箱中層，
上火烘烤15分鐘。

貼心小提醒
加絞肉可增加油脂。
魚乾先烤過可去除腥味。

4 取出陶鍋加水及調味料，鋪上苦瓜片，蓋上鍋蓋，
240度全開烘烤25分鐘。Ⓔ、Ⓕ

貼心小提醒
食材不需淹過水位，燜烤
熟軟就會縮水浸入。

5 端出陶鍋，將裡面的苦瓜片翻面，上方翻入鍋底，底下的苦瓜應該都熟透只是
還沒軟爛。Ⓖ

6 再次入烤箱，鍋蓋上留一小縫隙，240度全開烘烤20分鐘，苦瓜熟軟入味。

我家的冷凍庫常備有小魚乾,因為愛吃而且能補鈣,也是方便食材,可以搭配苦瓜、山蘇,炒青椒,燉排骨湯、味噌湯。

選購小魚乾不難,尤其南北貨商行或是菜市場販售的散裝,更逃不過消費者的眼鼻,不新鮮馬上就能聞到濃重腥味,色澤灰暗也代表儲放有些時間了,觸摸濕黏那更是不能買。

採購新鮮小魚乾回家,最好儲放在冷凍庫較能延長保鮮期,不過盡可能別儲存太久,要趁新鮮料理比較好。

南北雜貨行

料理大變身:

魚香苦瓜在我們家很少出現剩菜,往往一端上桌就一掃而空,因此,我幾乎沒有想過要怎麼處理這道菜的剩菜。

不過,若你們家人口少,吃不完有剩,要處理也不是那麼難。

可以將剩下的魚香苦瓜用春捲皮一捲,中間再加上一些芫荽或是蘿勒、九層塔之類的香菜,自然就又成了一道好吃的魚香苦瓜捲了。

此外,如果想要變化大一點,我會建議可以加上烤過的火鍋肉片。把薄薄的火鍋肉片放至烤箱裡,烤個1-2分鐘,然後包一些魚香苦瓜,再包上一張春捲皮,吃起來會更有豐富的口感喔。

蔬菜銀耳焗蛋

銀耳有乾燥及新鮮兩種，乾燥價格便宜也容易取得，新鮮銀耳近年來突然出現在超市，但價格不親民偏貴。因此這道料理我還是用乾燥銀耳來製作。

在選購乾燥銀耳時，請特別注意顏色，可千萬別以為「愈白愈好」，因為只要是非常白的，肯定都有動手腳，經過漂白，而商人為了要讓它呈現吸引人的白，會用什麼化學藥劑處理我們不知道，因此，這種銀耳千萬別購買。

正常乾燥銀耳顏色偏淺黃褐色澤，根部不會太厚，品質好也不易碎裂，會很難找嗎？其實也還好，多看幾家，一定能夠找到好食材。

或許你會想問我，我都在哪裡採購銀耳的？我住家附近剛好有間專賣有機商品的小商店，裡面除了有好商品外，價格也不會太昂貴，買過幾次後，對他們的商品有了信心，之後就變成我時常去的愛店了，大家不妨也在家附近找找，應該也有的。

☑️ **材料：**

雞蛋3顆、白木耳2朵、麵粉50g、紅甜椒丁1大匙、黃甜椒丁1大匙、洋蔥丁1大匙、水100cc、鹽1/4匙、糖1/2匙、起士絲3大匙

☑️ **作法：**

1 白木耳洗淨泡水10分鐘，去梗切碎。 Ⓐ、Ⓑ、Ⓒ

2 雞蛋洗淨去殼敲出蛋液，打散。
麵粉過篩加入用打蛋器攪拌，把粉粒拌開。 Ⓓ、Ⓔ

3 加水、鹽及銀耳丁、洋蔥丁、紅甜椒丁、黃甜椒丁，
輕輕攪拌均勻。 Ⓕ、Ⓖ

貼心小提醒
紅黃甜椒可改用其他蔬果，
只要不釋出太多水分即可。

4 全部蛋液倒入深烤碟或烘培烤模。 Ⓗ

5 烤箱預熱200度上下火10分鐘。

6 雞蛋烤碗置入烤箱中層，加蓋兩側各留一小縫隙，烘烤25分鐘。 Ⓘ

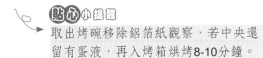
貼心小提醒
取出烤碗移除鋁箔紙觀察，若中央還
留有蛋液，再入烤箱烘烤8-10分鐘。

7 烘蛋上面均勻灑上起士條，將其全部覆蓋上。 Ⓙ

8 再入烤箱上層，200度上火烘烤10分鐘，拉出烘蛋烤碟轉個方向再烤8分鐘，確認起士微焦。

Part 1
烤食蔬：美味不乾澀

Amanda
的心情廚房

銀耳一直都是甜湯中的高等食材,也是素食者最佳膠原蛋白來源。

因參與餐廳評選活動在霧峰用餐,此地產新鮮菌菇,而一道簡單的「銀耳煎蛋」瞬間擄獲大家的味蕾,非常訝異竟然如此Q彈美味。

就因為這道料理的啟發,給了我這道「蔬菜銀耳焗蛋」的靈感,不過,在料理工具是烤箱,且不加任何油脂的情況下,又希望能維持香潤可口,我想到「起士」,果然一試之下發現,不僅味道好,口感竟然比煎蛋還要Q,烘蛋底部更是香,實在不知如何形容它的美味。

自己動手做看看我想你也會愛上這道健康料理,既美味養生又有飽足感。

田媽媽餐廳

料理大變身:

嚴格說起來也不算是「改造」,只是有些人對於椒類非常厭惡,像青椒、甜椒都是,有些人會不喜歡它的氣味,有的人則不愛它入菜的感覺,以致都在拒食之列。

建議可將這些不愛的食材做一點改變,挑選的原則,首先要確保加熱後不變色,且含水量不能太高的食材,水分太多不僅會稀釋蛋液及麵粉,口感也不相同。

建議可使用的蔬菜食材:白花椰菜、紅蘿蔔、茭白筍、地瓜、南瓜及山藥。

茄子和風沙拉

家裡種的茄子是麻糬茄，總是煮一會就熟，幾乎不用什麼特別的料理或調味方式，就已經很好吃了，只是當時的我還不懂得料理茄子的祕訣，總是把有漂亮紫色的茄子煮成褐色。

色香味是料理的三個決勝關鍵，好吃和香味當然吸引人，但如果顏色怪異，端上桌時，難免也會嚇到人。偏偏茄子這種看起來簡單的食材，它最大且最容易失敗的地方，就是「顏色」。

其實，想保留茄子漂亮的紫色外皮作法並不難，只是需要費點心思，你也可以做得到。

首先，茄子洗淨後，浸泡在水中蒸煮，從烹調至熟透前都不能接觸空氣，就能避免氧化變成褐色。

不過，這道料理為了不想讓大家費心，我特別設計將茄子直接放進烤箱中烘烤去皮，如此一來，就完全不必擔心外皮顏色變化，而且，因為茄子在烘烤過程中，完全保持原味，很是清甜美味，搭配醬汁做成涼拌非常適合當開胃菜。

☑️ **材料：**

茄子3條、紅甜椒1/4、黃甜椒1/4

☑️ **醬汁：和風沙拉醬**

柚子果醋2大匙、薄鹽醬油1大匙、蜂蜜1匙、蘿勒葉或九層塔5片

☑️ **作法：**

1 茄子不去蒂頭洗淨瀝乾水分。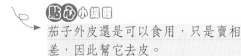Ⓐ

2 烤箱240度上下火預熱10分鐘。

3 整根茄子擺入中層烘烤15分鐘。Ⓑ、Ⓒ

4 取出茄子放置涼透，切除蒂頭，取刀子或用手從邊緣撕下外皮。Ⓓ、Ⓔ

> **貼心小提醒**
> 茄子外皮還是可以食用，只是賣相
> 差，因此幫它去皮。

5 茄肉切丁。紅甜椒洗淨去籽切丁。黃甜椒洗淨去籽切丁。蘿勒葉洗淨瀝乾水分切絲。Ⓕ

> **貼心小提醒**
> 茄肉若變黑還是可食用，
> 若介意可切除不加入。

6 柚子醋加鹽、蜂蜜拌勻，淋上茄肉，擺上蘿勒葉。Ⓖ

Ⓐ　Ⓑ　Ⓒ　Ⓓ

Ⓔ　Ⓕ　Ⓖ

小時候家裡的農田從稻米、水果到蔬菜輪著種植，也常被爸媽帶去田裡幫茄子拔葉子，因為葉長太多會影響茄子成長。因為爸爸不噴灑農藥，田埂邊總是長滿野草，還常出現燈籠果，燈籠果可是我們小時候最愛的零嘴，每次去田裡，總會趁拔葉子和野草的時候，仔細的觀察，盼啊盼的，總算盼到果實成熟可採收，下了田，就又有豐富的零食可以享用了。

這天小弟外出工作，見廠房邊草叢有幾株燈籠草，還長了茂密果實，想起小時候的零嘴，馬上採回一大包，也讓我們重拾起童年回憶，孩子們也好奇品嚐這他們沒吃過的小果實。

燈籠果

料理大變身：

這道茄子和風沙拉添加的都是時蔬，是道素食佳餚，不過，也可以做成葷食的涼拌料理。

建議在烤茄子時，準備一片無刺魚肉，至於是淡水魚或海水魚，就視個人喜好而定，像是台灣鯛、魴魚、鮭魚都是不錯的魚種，口感也很好。

將魚肉片均勻抹上少許鹽巴和料理米酒醃過後，再與茄子一起進烤箱。取出魚肉切小塊狀，灑在茄子沙拉上，就是一道不同的魚肉沙拉。若擔心魚肉腥味會影響整道料理的味道，可以把魚肉和茄子分開烤，先烤好魚肉後，再放入茄子烘烤，待全部烤好後，再拌在一起，加上醬汁即可。

07

麻婆豆腐

烤箱不僅可做燒烤，也可以烹調簡單的菜餚，麻婆豆腐就是一道很下飯的家常菜，只是，傳統製作麻婆豆腐的方式，少不了用油來爆香，這樣不僅有油煙，還會嗆得人眼淚直流，在製作上就難免被歸類為有「痛苦指數」的料理。

在製作麻婆豆腐爆炒辛香料的時候，很多人會放花椒粒，由於老公討厭吃到花椒粒，所以以前在製作時，我大多在炸香後，就取出丟棄，幾次以後，想想太費工了，後來自己就研發了一道自製的麻辣醬（作法不藏私，請見我之前的作品《動手做健康醬》），既吃得到香辣的口感，又可以不要咬到苦苦的花椒粒，當然就成為做麻婆豆腐的最佳選擇了。

這道料理最大的技巧是「用烤箱爆香」。把所有的辛香料拌勻後，以烤箱的熱度來帶出辛香料的香味和辣味，最後再拌進豆腐中回烤，自然就能夠把辛香料的味道融入豆腐中，成為一道香辣好吃的麻婆豆腐。

☑**材料：**

板豆腐1/2塊、細絞肉150g、薑末1/2匙、蒜頭8顆、辣豆瓣醬1大匙、麻辣醬1匙、醬油1匙、冰糖1/2匙、水120cc、蔥1根

☑**作法：**

1 蒜頭洗淨去皮，切細末。蔥洗淨去根，切末。
豆腐洗淨切小塊（約1cm見方）。

2 烤箱220度上火預熱10分鐘，辣豆瓣醬、蒜末置入
深烤盤拌勻，擺進烤箱中層，上火烤10分鐘。Ⓐ、Ⓑ

> **POINT**
> 這個步驟就等同於辛香料的爆香。

3 取出烤盤加入細絞肉、麻辣醬、醬油、冰糖、水，攪拌均勻。Ⓒ、Ⓓ

貼心小提醒
醬汁必須掩蓋過食材，避免烘烤後絞肉焦硬。

4 上述食材都攪拌好後，再加入豆腐丁輕輕拌勻，豆腐盡量按壓浸入醬汁。Ⓔ、Ⓕ

5 烤箱全開240度預熱10分鐘，拌好食材置入烤箱中層烘烤20分鐘。Ⓖ、Ⓗ

6 取出加入蔥末即可。若不習慣吃生蔥，可在撒上蔥末後，再次放入烤箱烘烤2-3分鐘即可完成。

小時候吃的豆腐都是小攤販騎著腳踏車沿路叫賣,接過手的豆腐還熱呼呼的,因為剛從豆腐店載送出來上街販售,不經過第三人就交到消費者手中。

那些年吃的豆腐沒有基因改造問題,更不可能有防腐劑,以及其他不好的添加物,除了黃豆、水,就是讓豆腐凝固的鹽滷。

好久不曾吃到真正健康作法的豆腐,前往中部蔬食料理餐廳試菜,居然能夠品嚐到非基改且還是用傳統鹽滷作法,真的太讓我感動,如此健康且又如此簡單的美味,現在竟然成了不可多得的奢華享受。

蔬食餐廳一鹽滷製做豆腐

料理大變身:

很下飯又麻又辣的麻婆豆腐萬一一下子煮太多,沒吃完,怎麼辦呢?能不能做什麼樣的改造呢?

試試羹湯吧!味道重的麻婆豆腐幾乎不必再做調味,若嫌不夠甜,可加入少許冰糖或是柴魚粉。

取麻婆豆腐加上8-10倍水,羹湯中預先加入一至兩根茭白筍刨絲,少許胡蘿蔔絲熬煮熟透,最後才加入麻婆豆腐煮開,太白粉水勾芡灑上適量香菜,就成了麻婆豆腐羹湯了。

Part 2

烤魚肉：
不腥不膩主廚菜

馬鈴薯燒雞

馬鈴薯燉肉想必大家都吃過，這道就是類似的作法，差別當然是用烤箱，還有主要食材由豬肉換成我最愛的雞肉。

使用去骨雞腿肉，軟嫩容易咀嚼，也沒有碎骨頭，更不像雞胸肉烹煮過後容易乾澀，以這些食材燉煮不僅食材柔軟容易入口，還是營養均衡的一道簡餐，很適合小家庭與單身貴族。

它也是非常下飯的一道料理，取醬汁淋在白米飯上就跟燴飯一樣美味，很容易一口接一口不小心就多吃一碗飯，而且湯汁也不會太濃稠，家中長輩還喜歡以它取代湯，因為鮮甜又滑潤很順口。

☑材料：

去骨大雞腿肉1隻、台灣小馬鈴薯2顆、洋蔥1/2顆、胡蘿蔔一塊、日式鰹魚醬油60cc、味醂1匙、蒜頭5顆、黑胡椒粉1/2匙、水200-230cc

☑作法：

1 雞腿肉洗淨，切塊。洋蔥去皮，洗淨切小丁。蒜頭去皮洗淨，切片。Ⓐ、Ⓑ

2 馬鈴薯去皮，切3cm塊狀。胡蘿蔔去皮，洗淨切小丁。Ⓒ、Ⓓ

3 馬鈴薯擺放烤盤，置入烤箱，上火開240度烘烤12-15分鐘。Ⓔ

> **貼心小提醒**
> 馬鈴薯先烤再煮會比較香。

4 雞腿肉、洋蔥、馬鈴薯、胡蘿蔔丁、蒜片置入陶鍋。Ⓕ

5 食材中加醬油、味醂、水或高湯200-230cc、黑胡椒粉。Ⓖ、Ⓗ

> **貼心小提醒**
> 若使用高湯烹調味道會更佳。

6 烤箱240度全開，預熱10分鐘。

7 備好食材的鍋子蓋上鍋蓋，邊緣留一小縫隙。

> **貼心小提醒**
> 鍋蓋留縫隙可避免湯汁溢出。

8 陶鍋擺進烤箱，烘烤30-35分鐘，續燜10分鐘再取出。Ⓘ

> **貼心小提醒**
> 利用烤箱餘溫再燜一會，根莖類更柔軟，湯汁也不會太少。

Amanda
的心情廚房

線上時常遇到粉絲詢問，馬鈴薯發芽可以吃嗎？地瓜發芽呢？蒜頭？紅蔥頭？

地瓜發芽長葉子除了水分變少、口感很差，但它還是可食用。蒜頭每到冬季肯定發芽，爆香絕對沒問題，只是生食時蒜味變淡。紅蔥頭發芽再不煮除了不香很快就會爛掉，趁芽剛長盡快煮了，要不就乾脆拿去種青蔥。

最後一定要特別當心，馬鈴薯發芽千萬別食用，就算只是一個小芽點也一樣，它就是有毒，請快快丟棄別食用了。

馬鈴薯發芽

料理大變身：

沒吃完的馬鈴薯燒雞

這道我喜歡與葉菜蔬菜搭配烹煮，尤其是高麗菜、大白菜，可以只取湯汁加入代替水去拌炒，起鍋前再加少量鹽及青蔥。

另一道則比較講究，而且還讓人看不出是剩菜料理。

一樣高麗菜或大白菜葉片，取2-3葉洗淨燙軟，擺入大碗底部須密合，再塞入適量馬鈴薯燒雞，把邊緣葉片附蓋上，這適合用蒸的不適合乾烤，若使用烤箱需再用鋁箔附蓋，若使用電鍋，則外鍋加一杯水蒸透，取出擺放寬盤子，剪刀將上方剪破攤開成花朵形，中間再灑上少許香菜末，就是另一道料理囉！

09

白酒雞腿排

我 不愛西式香料尤其綜合香料會讓我怕怕的，但是少量單一香料我倒是很喜愛，像迷迭香、巴西里跟月桂葉是我較常使用的香料。

單純用白酒醃漬烹調後會有淡淡果香，但是掩蓋不了肉的腥味，而這裡也不適合添加蒜頭以免把果香完全蓋過。

只需添加少許香草即可，除了多些香氣，也會將不佳的腥味給掩蓋。我喜愛種植香草，需要香料時可以隨時摘取，自己種植不施肥、不灑藥，除了水及天然肥料，洗米水與蛋液，喝完鮮奶的空罐子順手加些水就很營養。

當然超市也有現成的乾燥香料，並非一定得自己種植，隨個人喜好選擇新鮮或乾燥瓶裝香料，主要差別是在色澤上。

☑**材料：**
去骨雞腿2隻

☑**醃漬醬汁：**
白酒2杯、迷迭香1/2匙、鹽1/2匙、白胡椒1/2匙

☑**作法：**

1 雞腿洗淨，水分擦乾，肉較厚部位劃上一刀。 **Ⓐ**、**Ⓑ**

2 準備醃漬醬，白酒、迷迭香、鹽、白胡椒攪拌均勻，
塗抹整隻雞腿。 **Ⓒ**、**Ⓓ**、**Ⓔ**

> **貼心小提醒**
> 盡可能別選甜味重的白酒。

3 置入保鮮盒中，擺放冰箱冷藏醃漬半天至一天。

4 取出雞腿室溫下擺放五分鐘，雞皮朝上擺進鐵烤盤。 **Ⓕ**

> **貼心小提醒**
> 雞皮含有油脂，先烘烤可釋放出。

5 烤箱上下火240度預熱10分鐘。

6 雞腿擺進烤箱，上下火全開，烘烤15-20分鐘。 **Ⓖ**

7 改上火，雞皮朝上，烘烤15分鐘雞皮出油上色。 **Ⓗ**

> **貼心小提醒**
> 加強烘烤才能將雞皮烤香酥。

Amanda
的心情廚房

我的食材之旅都在農村中遊蕩，這些年台灣農業精緻化，也有機會走入農村酒莊參觀。

來到這裡才發現釀酒的葡萄品種真不少，有些還長的差不多，不細看還真認不出來。

品質好的葡萄酒拿來做料理，果香總是特別濃郁，也特別美味。

葡萄樹

料理大變身：

這道烘烤過的雞腿還帶著果香，所以我喜愛加入生鮮蔬果做成沙拉食用，甚至將雞肉沙拉夾入三明治或漢堡當早餐或點心。

若不想用其他香料掩蓋雞腿的香甜果香，我會建議加果醋及少許鹽巴做調味即可，而甜椒、小黃瓜、番茄與蘿蔓就是最好搭配的生菜。

酥烤雞塊

香 酥雞塊應該是大部分年輕人的童年回憶吧，也難怪國人健康越來越糟，添加物實在吃得太多了，不希望吃進太多添加物，真的只剩下自己動手做。

由於完全不含任何添加物，口感自然不像速食店雞塊那樣Q彈有嚼勁，我會加一些孩子可能不吃或少吃的蔬菜，洋蔥、胡蘿蔔甚至青椒都可以，如果怕孩子挑出來，可以置入調理機完全打碎混入，只要水分少不影響雞塊口感，有雞塊這樣美食更能誘導孩子自然吃下蔬菜。

蔬菜用量還是必須控制，尤其像青椒這種味道較重的蔬菜，倘若希望吃得更健康，可多點蔬菜也無妨，最多可再增加一倍用量，不過雞肉得黏稠度就會變差，因此地瓜粉用量及調味料都必須再酌量增加。

附注：
雞塊大多是沾食番茄或酸甜醬，這兩款醬料在我第二本書中都提到製作方式，如果你願意自己動手作當然最好。

☑材料：

雞柳條300g、洋蔥1/4顆、雞蛋1顆、麵包粉2杯、地瓜粉3大匙、醬油2匙、黑胡椒1/4匙、鹽1/4匙、細砂糖1/2匙

☑作法：

1 雞柳條洗淨瀝乾，左手拉住白色筋，刀子以九十度直立方式推開雞肉。Ⓐ

2 雞肉整個被推開，自然推開白色筋去除，雞肉切剁成泥狀。Ⓑ、Ⓒ

> **貼心小提醒**
> 建議使用調理機攪打會更快速，口感也更Q。

3 洋蔥去皮洗淨，切絲再切成細末約4大匙。Ⓓ

4 雞肉泥加雞蛋、糖、鹽、胡椒粉及洋蔥末，攪拌均勻，加入地瓜粉3大匙，麵包粉2匙拌勻。Ⓔ

> **貼心小提醒**
> 加雞蛋可增加滑潤口感，怕膽固醇過高可改用蛋白2顆。

5 雞肉拌勻後擺入冷藏室30分鐘以上。Ⓔ

6 麵包粉加醬油攪拌均勻。Ⓕ

> **貼心小提醒**
> 肉泥摔過會產生黏性及Q性，冷藏會將水分完全吸收。

> **貼心小提醒**
> 加醬油可讓烘烤後色澤更好，味道更香。

7 取雞肉泥2大匙，沾裹麵包粉，再按壓整形。Ⓖ、Ⓗ

> **貼心小提醒**
> 用兩隻手掌心從邊緣修飾成圓或方形。

8 烤箱上下火170度預熱10分鐘。

9 烘烤10分鐘，烤箱取出轉個方向，再烘烤10分鐘。Ⓘ

Amanda
的心情廚房

雖然大家都習慣雞塊沾食番茄醬或酸甜醬,其實取新鮮果汁來做搭配也很棒,柑橘中的金桔及金棗最對味,不過這兩者之中又以金桔的汁最多也較香,再加入少許手工醬油就是很搭的水果沾醬。

特別喜愛在料理中使用柑橘類水果,除了果汁酸又好喝外,果皮精油清香總讓我不忍丟棄,很多手巧的媽媽們會拿來做清潔劑,而娘家種植的檸檬、金桔樹每次採摘榨汁後總會留下大量果皮,雖沒特殊用途,不過也會載回果園做堆肥再次利用。

金桔

金棗

料理大變身:

偏好西式早餐嗎?雞塊漢堡、雞塊三明治都是很棒的搭配,只要準備漢堡麵包或吐司,煎顆荷包蛋,一、兩片番茄及小黃瓜片,大人還可加入少許洋蔥絲、生菜或苜蓿,一杯鮮奶、豆漿、果汁或咖啡,這份早餐自己做既便宜又健康。

釀青椒

蔬菜中有很多是得不到小朋友歡心的，其中，青椒應該是最被討厭的吧。曾經接受《康健雜誌》邀稿，把一些小朋友心目中最討厭的幾樣蔬菜做一點改變，其中一項就是青椒，當時我的設計就是希望藉由其他食材的味道，掩蓋掉青椒的特殊氣味，不過，在拍攝當天我也才發現，不只是小朋友，就連有些成人也不敢或不喜歡吃青椒呢。

青椒特殊氣味應該是來自外皮，這一道釀青椒雖不去外皮，但也別擔心，因為在烘烤完成後，外皮會變得十分容易撕下，而且，就算不費力的去掉外皮，在烘烤後也會多了一股迷人的香氣，青椒的那種特殊氣味就會被去除一大半。

其實，青椒的營養成分也很高，青椒是蔬菜中含維生素A、K最多，且富含鐵質，有助於造血。如果用油炸的方式，還可以增進維生素A的功效，只是如果用炒的，時間則不宜太長，所以青椒適合大火快炒或油炸。

夏天多吃青椒，可促進脂肪的新陳代謝，避免膽固醇附著於血管，能預防動脈硬化、高血壓、糖尿病等症狀。此外，青椒所含的胡蘿蔔素與維生素D有增進皮膚抵抗力的功效，可防止產生面皰和斑疹。

你也討厭青椒嗎？試著做做這道料理，相信你一定會對青椒改觀的。

☑材料：

豬細絞肉170g、雞蛋白1/2顆、嫩薑3片、蔥2根、米酒1/2匙、醬油1匙、鹽1/6
匙、砂糖1/4匙、白胡椒粉少許、太白粉少許

☑作法：

1 青椒清洗乾淨，橫刀切除蒂頭，對切開籽取出。Ⓐ、Ⓑ

2 嫩薑洗淨切細末。青蔥去根洗淨，切細末。

3 絞肉加入醬油、鹽、糖、米酒、胡椒粉、薑末攪拌均勻，
最後再加入雞蛋白慢慢攪拌讓絞肉吸收進去。Ⓒ、Ⓓ

貼心小提醒
可將調好餡料置入冷藏半小時，
水分凝固比較容易處理。

4 青椒沖洗殘留的籽瀝乾，內部抹少許乾太白粉。Ⓔ

5 取絞肉塗抹一層在青椒內，再往上加一些絞肉，略微按壓。Ⓕ

貼心小提醒
絞肉按壓緊實才不會跟青椒分離。

6 烤箱開上下火加旋風220度預熱7分鐘。

7 青椒擺放鐵烤盤，置入烤箱烘烤25分鐘。Ⓖ

我喜歡在陽台上種滿綠色植物，不限種類也不管能不能食用，香草、多肉、辣椒，甚至觀賞花草，只要喜歡就帶回家。

自己種植的香草植物會用在我的料理中，無毒種植讓家人可以更安心食用，每當微風吹過陽台，總飄起陣陣花草香，不但能食用也能增添生活情趣，一舉兩得。

雖然每天照顧它們得花些時間，不過工作疲憊時看看它們總能讓我精神放鬆，長時間使用電腦乾澀的眼睛也能得到舒緩。

泰國辣椒

料理大變身：

早餐不想一成不變，又剛好前一日晚餐剩下釀青椒，把一份分切成3-4等份。

取一份切碎丁，加入雞蛋液中，青椒煎蛋，或是煎蛋餅，都能夠變化成一份很豐盛的早餐。

如果不想這麼麻煩，可以在剩下來的釀青椒上撒上一些乳酪絲，再放入烤箱內回烤約3-5分鐘，要特別注意，青椒要先用鋁箔紙包起來，留下表面的肉和乳酪絲就好，以免青椒烤太乾，失去口感。

香蔥肉捲

中秋烤肉不知道從什麼時候開始，已成為一種約定成俗的習慣了，一到中秋，大家除了月餅和文旦外，烤肉也變成了「年度大活動」，不過我家倒沒有這種習慣，只是兒子小時候見家家戶戶燒著木炭準備烤肉時，總會央求我也要烤肉。

說是想吃也不盡然，為的只是體驗那個氛圍，而他總是在我為了他要的烤肉忙得昏天暗地時，自己卻早已不見蹤影，跑到鄰居家串門子去了。

後來我也學聰明了，家中就有烤箱，不燒木炭照樣可以烤肉，而且烤箱方便又不沾油煙更不必被煙燻，輕輕鬆鬆就能端上好幾道燒烤料理。

食材準備上一樣可以多樣化，除了他們愛吃的肉跟魚，自然得備一些蔬菜才能兼顧均衡營養。

這道肉捲也是當時我常做的，因為老公愛吃我醃漬的肉片，尤其愛加上蔥或蒜，除了吃起來較不油膩，味道也更好。

☑材料：

梅花肉火鍋片或是五花肉片一盒（約300g）、蔥一把約250g、熟白芝麻1匙、辣椒粉少許（可不加）

☑醃漬醬汁：

醬油2大匙、蒜泥1/2匙、米酒1大匙、砂糖1/4大匙、白胡椒粉1/4匙、黑胡椒粉1/4匙

☑作法：

1　梅花肉洗淨瀝乾，可取紙巾吸水。Ⓐ

2　準備醃漬醬汁，將所有辛香醬料攪拌均勻。Ⓑ

3　肉片放入醬汁拌勻，擺入冰箱浸漬半天。Ⓒ

4　青蔥去根，切3cm段狀。Ⓓ

5　取一肉片攤開，擺放蔥段，蔥白2-3段，蔥綠8-10段，若使用三星蔥較粗可再自行減少2-3段。Ⓔ

貼心小提醒

> 超市購買的火鍋肉片有區分長短，短的可在捲裹時容納蔥段約8-10段，長肉片則可容納12-15段。請以肉片長短增減蔥段，且每一片包裹蔥量盡可能一致。

6　往前捲裹肉片包覆住蔥段，收緊再繞完整個肉片，直徑約4-5cm，缺口朝下擺放鐵烤盤。Ⓕ

7　烤箱開上下火加旋風240度預熱10分鐘。Ⓖ

8　肉捲擺進烤箱，上下火加旋風240度烘烤15分鐘。Ⓗ

9　取出肉捲擺盤，再灑上少許白芝麻。

貼心小提醒

> 使用的肉片很薄，烘烤過頭容易乾硬，因此適合現烤現吃，若回溫加熱請以低溫烘烤，高溫容易焦，口感也變差。

Part 2 烤魚肉：不腥不膩主廚菜

66

旅遊宜蘭時，曾下田體驗栽種及拔蔥樂趣，現場品味新鮮現採青蔥，發現三星蔥真的與台灣其他地區不同，不但蔥白特別長，做蔥油餅口感更加爽脆美味。

料理首重食材挑選，並非昂貴或知名才是最好，挑選蔥白蔥綠分明，且葉脈新鮮不枯黃，就是好蔥。

三星鄉青蔥文化館　　　　　　　　三星蔥　　　三星蔥——蔥油餅

料理大變身：

「不敢吃蔥怎麼辦？」相信有不少人不愛，甚至不敢吃蔥，針對這樣的朋友們，我們可以做一些其他的嘗試，像是以下這些食材，都可以輕易取代蔥段，而且口味更好喔。

1.新鮮蔬菜

2.根莖類蔬菜，例如：四季豆、綠蘆筍、山藥、南瓜

3.菌菇類

4.香草類，例如蘿勒、九層塔等

作法一樣，先將準備包裹在肉片中的食材處理好。

如果是新鮮蔬菜，洗淨、切小段；如果是根莖類，也一樣切成3cm左右的小段；菌菇類，若原本是細長條狀的，太長可以切短，若本身是短的，則可以整支包裹進去。

接下來的步驟就和前述一樣，放進烤箱烘烤即可。

其中，要特別提醒的是，因為食材的易熟度不同，若是較難熟的，最好切薄、切小，這樣就不會有半生不熟的肉捲產生了。

味噌鮭魚

烤 味噌魚是日式料理常見的美食，不過魚的種類有很多選擇，並非一定得用鮭魚，只要魚新鮮，控制好鹽分及魚的熟度，你也可以料理出媲美餐廳的美味料理。

現在就來談談哪些魚適合做這道醃漬烘烤，最好是挑選刺少、肉質扎實的魚片，旗魚、土魠魚、鮭魚、鱈魚及白北仔(白腹魚)都很適合，不過旗魚及土魠魚油脂少，烘烤時間必須拿捏精準，否則容易乾硬。

油脂含量高的魚片最適合做烘烤，油脂烤出後魚肉也會更滑潤，而且醃漬過又多了味噌地香氣，酒精成分則會隨著烘烤完全消失，只剩些許成分中的甜味。

☑材料：

鮭魚1片、熟白芝麻、檸檬1/4片

☑醃漬醬汁：

細味噌1匙、砂糖1/4匙、米酒1大匙

☑作法：

1 魚片用無菌水洗淨，擦乾水分。

> 用無菌水清洗，才不容易腐敗，可多儲存一、兩天。

2 細味噌加米酒攪拌開，再加入砂糖拌勻。 Ⓑ

3 均勻抹在魚片兩面，擺入保鮮盒置入冰箱冷藏浸漬一天。 Ⓒ

4 抹除魚肉上的味噌，放置鐵烤盤。 Ⓓ

> 抹除味噌再烤才不容易烤焦。

5 烤箱240度上火加旋風預熱10分鐘。

> 單火烘烤較不會烤得太乾硬，也可烘出漂亮色澤。

6 味噌魚進烤箱上層，烘烤10分鐘，翻面再烘烤10分鐘，烤出金黃色澤。

> 若表面沒上色，建議再烘烤3-5分鐘。

7 取出味噌魚灑上白芝麻，搭配檸檬片食用。

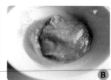

Ⓐ　　　Ⓑ　　　Ⓒ　　　Ⓓ

台灣真的是個寶島，氣候宜人、土壤肥沃，再加上四面環海，各種新鮮蔬果及海鮮不虞匱乏，海產量非常豐盛，不論是近海、遠洋甚至進口海鮮，都很容易購得。

我的食材之旅花蓮行來到豐濱鄉石梯坪漁港，發現這裡居然是旗魚的故鄉，而且冬季還可鏢旗魚，此外，一年四季也都有不同的魚產，除了捕旗魚，這裡也有海上觀光行程，近海有鯨豚出沒，因此漁船會提供出租出海賞鯨，是漁民除了捕魚之外另一項收入來源。

此地屬觀光地區，因此周邊也有許多小餐館，不過靠海卻買不到好魚貨，這一點真的讓人百思不解，難怪餐廳老闆要大嘆生意難做。

花蓮豐濱石梯漁港　　　　　花蓮豐濱石梯漁港地標

料理大變身：

烘烤過的魚肉要是一餐沒食用完畢，再做烘烤要注意溫度別太高，最好是130度以下低溫回烤，高溫除了水分及油脂可能會完全消失外，再回烤的魚肉也可能變乾硬。

建議魚肉切片加些大蒜絲或蔥段，蓋上鋁箔再做回烤，利用食材的水蒸氣加熱，多些水氣就不怕回烤後變乾硬。

也可改變方式料理，煮個鮭魚味噌湯或是湯麵。魚肉切片，一小包柴魚片加一塊豆腐，小火滾煮5分鐘，再加入魚肉及用水攪拌開的少許味噌，水再度滾開即刻熄火，灑些蔥花提味。喜愛味噌湯麵則另煮些麵條加入即可。

茄汁蝦球

14

茄 汁料理的營養價值極高，是一道十分值得推薦的
料理。

我喜愛不添加一滴水的茄汁料理，原汁原味的新鮮茄汁
可以讓整道菜餚都有鮮果香，感覺一次就能吃到好幾顆番
茄。

新鮮番茄除了有維生素C，還有超多茄紅素，生吃美味
又多C，但是想要吸收更多茄紅素就得加熱，雖然煮過的
番茄會酸了點，不過感覺就特別美味。

番茄經過烹煮顏色會變，不過是變成橘紅色而不是深紅
色，添加自製熬煮的濃縮番茄醬，顏色會略為加深，但很
確定依然不會是深紅色，那麼，外面吃到的深紅色番茄汁
又是怎麼來的呢？是不是得好好研究一下了呢？

總之，只要是自己做的，不管是呈現什麼顏色，一定
都是原汁原味，沒有任何添加物的，因此，絕對可以安心
吃，且吃得很健康。

☑材料：

帶殼鮮蝦200g、牛番茄2顆、洋蔥1/4顆、自製番茄醬2大匙、鹽1/4匙、糖1/4匙、白胡椒粉少許

☑作法：

1 紅番茄洗淨，從中對切成兩份，果肉朝下擺入小烤盤。洋蔥去皮切小丁，置入小烤盤。🅐、🅑

2 烤箱240度上火預熱10分鐘，番茄、洋蔥一起擺進上層，上火烘烤10分鐘。🅒

3 取出番茄、洋蔥丁，番茄降溫，去皮、去梗、切小丁。

4 鮮蝦剝除外殼，背部劃開一刀取出腸泥，蝦肉洗淨瀝乾水分。🅓

貼心小提醒
切開處約有蝦肉一半深度即可。

5 鮮蝦擺放烤盤，烤箱尚有餘溫，因此不用再預熱，上層240度上火烘烤5分鐘。🅔、🅕

6 番茄丁、洋蔥丁、番茄醬、鹽、糖加入拌勻，不蓋鍋蓋，240度上火烘烤10分鐘。🅖

貼心小提醒
若使用市售番茄醬，一大匙即可，不過還是建議自己煮醬。

7 取出深烤碟拌入鮮蝦，240度上火再烘烤5-7分鐘。🅗

的心情廚房

妹妹的夫家是屏東地區海魚養殖戶，偶爾會宅配鮮魚給我，一回特別帶給我許多白蝦，第一次見到比草蝦還要肥碩的白蝦，真是難以置信，怎會養這麼大?!

據她說那是寄養在海魚池的蝦，反正也不浪費飼料就養著，養大一些不但價格好，帶到市場上的反應也較好。因為品質好，所以他們也就不想再透過中盤，不用經過一層剝削，直接將最好的價格的給消費者，自己也就得到了相對等的回報。

常想著中間商如果有良心些，別只會打壓農夫、漁民的產品價格，那麼年輕人不是更有動力從事這些行業嗎？而且有競爭力產品也會更好，更能發展出無毒魚蝦造福消費者。

魚塭鮮蝦　　　　　　活跳的魚塭鮮蝦

料理大變身：

這一道基本上會剩下的不是鮮蝦而是茄汁。

如果剩下的茄汁不多，只要打個蛋加進去再煮一會，加些鹽，灑些蔥花，輕輕鬆鬆就可以端出一道番茄炒蛋。

那如果茄汁剩很多怎麼辦呢？這時，你可以在茄汁裡，再加上1/2塊豆腐一起煮，就成了一道很下飯的茄汁家常豆腐，而且絕對看不出來是剩菜料理喔。

事實上，剩的茄汁真的一點也不用擔心，用點心，即使只剩湯汁，也可以變身美味佳餚。

塔香文蛤

文蛤不但是一種營養價值很高的食材，同時也是一種具有藥用價值的食材，它能清熱利濕、化痰，在中醫藥典上，食用文蛤有潤五臟、止消渴、健脾胃、治赤目、增乳液等功能。現代研究發現，文蛤組織提取液對葡萄球菌有較強的抑制作用。

文蛤除了具有這麼高的營養價值外，它更是台式快炒店最熱門的一道海鮮料理，簡單的調味就能讓大人小孩都迷上。就拿我家族中的孩子來說，只要見到這一碟，根本不用逼他們吃飯，肯定會主動靠過來說想吃飯。

文蛤本身就帶有鹹味，料理它須注意用鹽量，一般來說，只要有文蛤入菜，我就比較不會再放調味料，因為它本身的鮮味就能夠讓料理的美味提升許多。只有在煮湯時會需要特別注意水和文蛤的比例，如果水量比較多，則可能再加一點調味料，不過，我還是建議在決定是否加調味料之前，最好還是嚐一嚐較保險。

蒜頭可增添香氣，薑可去除海鮮腥味，兩種辛香料都必須添加，唯獨辣椒可視個人喜好做增減或不添加。

✓**材料：**
　　文蛤300g、蒜頭3粒、嫩薑3片、辣椒1/3根、九層塔一小把、醬油1匙、鹽1/2匙

✓**作法：**

1 1/2匙鹽加水拌開，浸泡文蛤至少1-2小時吐沙。 Ⓐ

　　貼心小提醒
　　文蛤容易藏砂，最好再做吐沙，特別注意整顆沙的空殼。

2 九層塔取下葉片，洗淨切碎。蒜頭去皮切末。嫩薑切絲。 Ⓑ

3 文蛤洗淨瀝乾，擺入烤盅，加蒜末、薑絲、辣椒及醬油略拌。 Ⓒ

4 烤箱開上下火240度預熱5分鐘。

5 文蛤蓋上鍋蓋留一小縫隙，擺進烤箱中層，烘烤23分鐘，續燜3分鐘。 Ⓓ

　　貼心小提醒
　　文蛤會出水所以不必加水烘烤，鍋蓋是必需品。

6 端出文蛤，九層塔加入拌勻。 Ⓔ、Ⓕ

小時候會到小河挖河蜆，當時不懂，以為那就是文蛤，其實兩種差異非常大，光是成長環境就大大不同，一個是生長在淡水裡，一個則是生長在海水裡。

以前這兩種都是野生，現在都有漁民養殖，還有觀光魚場可以體驗採文蛤，水深雖然只到膝蓋，但恐水的我還是不敢下水。

如果你有機會到彰化王功漁港，建議大家可以去體驗採文蛤、抓蝦活動，這也是孩子們最好的生活體驗，讓他們知道每日吃的食物從何處來。

採文蛤

料理大變身：

塔香文蛤同時也是一道極佳的下酒菜，很受大眾喜愛，而且製作上也簡單，冷食即可，便利性高，即便是多做一些冰在冰箱裡，也不用擔心會壞掉。

文蛤帶著大殼，剝下肉其實也沒多少，蒸烤時多少會釋出一些湯汁，加上這些拌炒蔬菜就很鮮甜美味，豆莢類（豌豆、四季豆、粉豆）、高麗菜、綠花椰菜都適合。

或者用於拌沙拉，除了文蛤湯汁，再淋上少量檸檬汁去腥增香。

蒜酥中捲

中捲又稱為透抽，是菜市場裡主要的海鮮食材之一，也是我家人特別喜愛的海鮮之一。

台灣四面環海想吃新鮮海鮮並不難，只要夠新鮮，就算只是汆燙也很美味，不過中捲它不適合烹煮太久，一旦煮久了，就很容易老化，口感就變差了。

這道料理重點除了不要讓中捲老掉以外，另一個不能忽略的就是蒜酥的製作。

一般來說，製作蒜酥都是用油來炸，但近來連續爆發的食安問題，導致很多人不敢吃油炸食物，這本書所說的蒜酥和紅蔥酥兩款我都用烤箱烘烤，這樣一來，不但不用害怕油的問題，也不必擔心油煙，如果怕失敗烤到焦黑或是乾枯，只要記得分批烘烤、低溫設定，就一定不會失敗了。

☑ 材料：

中型透抽2條約400g、蒜頭2球、照燒醬1.5大匙

☑ 醬汁：**照燒醬**

材料：醬油3大匙、米酒3大匙、麥芽3大匙、砂糖1大匙、水150cc

作法：所有食材置入烤碗，覆蓋鋁箔或蓋子，烤箱不預熱200度上下火烤35分鐘。

☑ 作法：

1　透抽去內臟去皮，洗淨橫切條紋，間隔0.5-0.7cm劃一刀，換個方向再斜切成交叉紋路。切適當大小片狀。Ⓐ

> **貼心小提醒**
> 透抽不宜切太小，
> 煮熟會縮水。

2　透抽擺放烤盤，置放烤箱上層，240度上火烘烤7分鐘。Ⓑ

> **貼心小提醒**
> 烘烤會釋出水分，喜愛乾香可將湯汁倒出留做他用。

3　透抽加入照燒醬、蒜酥1大匙攪拌均勻。Ⓒ

4　烤箱240度上下火，預熱10分鐘。

5　透抽進烤箱中層，240度上下火烘烤10分鐘。Ⓓ

6　取出透抽裝盤，再灑上剩餘0.5匙蒜酥。

> **貼心小提醒**
> 加蒜酥可增加香酥口感，
> 可以再加些許九層塔。

Ⓐ　Ⓑ　Ⓒ　Ⓓ

烘烤蒜酥

材料：
蒜頭5大球

作法：

1. 蒜頭洗淨瀝乾，拍開去皮，仔細切碎成碎末，擺入不沾烤盤。
2. 擺進烤箱中層，不預熱上下火150度烘烤15分鐘。取出翻動全部蒜末再攤平。
3. 再入烤箱烘烤，第二次15分鐘。蒜末再次翻動攤平。

蒜頭是我廚房中不能缺少的辛香料。台灣蒜頭除了冬天非產期，其他季節都辛辣好吃。

最讓人傷腦筋的是冬天的蒜頭怎麼收藏還是會發芽，自然也不夠香，勉為其難選擇進口蒜頭，總還是不對味。

蒜頭可冷藏保存但不宜過久，冷凍雖可保存較長時間，不過退冰後軟化，只能烹調爆香，而有些中式料理還是必須搭配生蒜頭片才對味。

蒜頭

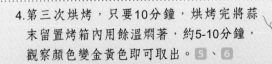

蒜酥中捲可加冷白飯做炒飯，或是加上一些配料及起士做焗烤。

建議準備兩碗白米飯，兩大匙起士條、蒜酥中捲、一匙蒜酥、少許豌豆去頭尾洗淨橫切細絲、火腿一片切絲。

作法將白飯加入蒜酥中捲及蒜酥攪拌均勻，擺入烤碟，上頭加豌豆絲、火腿絲再均勻灑上起士條。入烤箱以上火200度烘烤起士融化微焦即可。

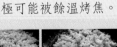

4. 第三次烘烤，只要10分鐘，烘烤完將蒜末留置烤箱內用餘溫燜著，約5-10分鐘，觀察顏色變金黃色即可取出。 5、6

貼心小提醒
蒜末千萬別放置涼透，極可能被餘溫烤焦。

辣魚豆腐鍋

辣魚豆腐鍋的料理方式及湯頭、食材很類似韓國料理，不過我還是稍稍的做了點變化，使湯頭更適合家人的口味。

魚及蔬菜配料可挑選自己喜好的來做，唯一要注意的是食材務必要是適合煮湯，不然會影響湯頭和口感。我曾經試過用紅泥羅魚烹調，湯頭味道跟鮭魚的就差異很大，畢竟是不同魚種，而且一種生長在海洋一種是淡水魚。

因為家裡不常熬高湯，因此我會在湯裡加些豬肉片，讓湯的味道更鮮甜，若不愛豬肉也可選擇不加，或是換成蛤蜊也是個不錯的選擇。此外，若把水的用量再減少約100cc，魚湯會更濃郁鮮甜。

☑**材料：**

鮭魚一片約300g、梅花肉片少許、黃豆芽約一碗、嫩豆腐一塊、洋蔥1/2顆、金針菇一包、青蔥一根、水500cc

☑**調味料：**

辣椒醬1匙、細辣椒粉1-2匙、蒜泥1匙、薑泥1匙、鹽1/4匙、柴魚粉2匙

☑**作法：**

1 鮭魚洗淨切1cm厚片狀。嫩豆腐切片。黃豆芽洗淨。洋蔥切絲。青蔥去根洗淨斜切。Ⓐ、Ⓑ、Ⓒ、Ⓓ

2 烤箱全開240度預熱10分鐘。

3 耐熱陶鍋加水400cc，蒜泥、薑泥、辣椒醬、辣椒粉跟水攪拌均勻。
再加入黃豆芽、洋蔥絲，蓋上鍋蓋留一縫隙，進烤箱中層烘烤20分鐘。
Ⓔ、Ⓕ、Ⓖ

　　貼心小提醒
　　使用的鍋具若較大可用下層烘烤，烘烤時間則最好增加5分鐘。

4 取出陶鍋加入鮭魚、豆腐、肉片、金針菇，
湯汁必須掩蓋過食材，蓋上鍋蓋。Ⓗ

　　貼心小提醒
　　鍋蓋需留一縫隙，有助熱對流，食材較容易熟成。

5 烤箱溫度若已經下降，240度全開預熱5分鐘，陶鍋擺入烘烤20分鐘。

6 移出陶鍋加鹽、柴魚粉及蔥絲即完成。

　　貼心小提醒
　　怕吃生蔥，可以不蓋鍋蓋再入烤箱烘烤3分鐘。

旅行中最愛晴朗好天氣可以拍攝到藍天白雲，兩天一夜埔里小旅行，巧遇這朵可愛白雲，在特別藍的天空與青山綠水相輝映，創造出這一幅美麗山水畫。

千變萬化的雲偶爾也有可愛造型，瞧它漂浮在天空的樣子，軟綿綿像極了一朵棉花，這些自然現象在我的旅行中也增添了一些小趣味。

料理上，豆腐的料理也可說是千變萬化，而且在難易度上，是「容易上手」的食材。但豆腐最大的問題就是「難入味」，因此，在做豆腐料理時，時間與食材搭配上，可能就得費點心，以免煮出豆腐還是豆腐，和其他食材完全不融合的料理。

南投埔里——天水蓮飯店

料理大變身：

一鍋辣魚湯搭配一碗白米飯就是一份豐富餐點，偶爾家人會將食材撈出個別食用，那麼剩下的湯汁，拿來做些甚麼料理呢？這些湯可都是食材精華啊！

加一把冬粉進去煮？加一碗白飯熬成粥？或者打顆蛋再加少許蔬菜、蔥花煮成蛋花湯？或是再加塊豆腐、少許柴魚片、灑些蔥花，也不算改造但卻不浪費食物，這樣下一餐就可多一道菜囉！

檸檬魚

我 是個很愛下廚的家庭主婦，不過再怎麼勤勞，總有一、兩次因為身體不適或太疲累而懶得下廚的，相信大家也一樣。現代生活大家都忙碌，沒辦法天天大費周章的下廚。

在不想下廚，又不想出門去買東西回來吃，再加上一打開冰箱，竟然發現冰箱裡有不得不馬上處理的海鮮，這時，「懶人料理」就成了我的最佳料理方向。所謂「懶人料理」在我的定義裡就是指，能用最少的時間、最不費力的工具，以最簡單的方式完成上桌的料理就是了。

這時，烤箱一定是我第一考量的料理工具。只要稍微把海鮮處理乾淨，用鋁箔紙包裹好直接送進烤箱，再備好一碟醬料就完成。

而這道烤魚在烤箱料理中算是最簡單的，訣竅就是不直接加熱烘烤，使用鋁箔紙來包覆，這樣的作法會讓烤好的魚看起來就像蒸魚一樣鮮嫩，而且是未添加一滴水的原味蒸魚呢。

☑材料：

鱸魚一條約600g（七星鱸、金目鱸、銀花鱸皆可）、香菜1棵、鹽約1/4匙、米酒1匙

☑醬汁：

檸檬汁2-3大匙、魚露1匙、薄鹽醬油1匙、糖2大匙、蒜頭2粒、辣椒1/2條

醬汁作法：

1.蒜頭去皮切細末。辣椒洗淨切細末。香菜去根洗淨切末。

2.檸檬汁加入砂糖、魚露、醬油攪拌均勻，糖融化再拌入辣椒及蒜末。

☑作法：

1 魚洗淨擦乾水分，兩面肉較厚部位斜劃2-3刀，
均勻抹上鹽及米酒，浸漬10分鐘。Ⓐ、Ⓑ

> **貼心小提醒**
> 可不加鹽醃漬，但一定要米酒才能去除腥味。

2 取鋁箔紙，長度比魚多約10cm，將魚擺放中央，
前後摺入蓋住魚，兩邊收口。Ⓒ

> **貼心小提醒**
> 若使用不沾烤盤請記得覆蓋，可用鋁箔紙蓋上。

3 烤箱上下火240度預熱10分鐘。

4 魚擺放烤箱中層，烘烤23-25分鐘。

5 取出，打開鋁箔紙觀察魚是否熟透，可用竹籤插入魚最厚的地方，若還有血水則是尚未全熟。若不夠熟再烘烤3-5分鐘。Ⓓ

6 趁熱將魚倒入長形餐盤。

> **貼心小提醒**
> 必須趁熱取出，否則魚的膠原蛋白一旦冷卻就會沾黏在鋁箔紙上。

7 檸檬醬汁均勻淋在烤好鱸魚上，擺上香菜末。Ⓔ

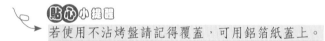

Amanda
的心情廚房

魚不管怎麼料理都適合添加檸檬，因為它除了酸香還有去腥功效。你一定看過檸檬片，也看過一整顆檸檬，但是，你可曾見過檸檬開花？你知道檸檬的花朵很美？花的味道很香嗎？

幸運的我時常見到它們，因為全台檸檬最大產地「屏東」，我的故鄉。一路上都是檸檬樹，適逢開花季節更是迷人，不僅香氣撲鼻，一棵棵檸檬樹上點綴著層層疊疊小白花，更是美不勝收。

檸檬花

料理大變身：

魚料理吃不完，算是很麻煩的事情，這裡我會建議將吃剩的魚湯和魚肉分開來保存，魚湯重複加熱後，可以拌麵或拌飯食用，至於魚肉，則可再回烤，夾入土司裡食用。

此外，若是不習慣檸檬魚吃法，也可改用不同的調味醬汁。

1.5大匙蠔油或醬油膏加入2大匙冷開水稀釋，蒜末、薑末及辣椒末少許拌成醬汁淋上，再灑些蔥花就是完全不同的味道了。

19

樹子烤紅尼羅

紅尼羅也是吳郭魚的一種，是雜交變種而成，因抗病力比較強，在養殖的過程中較不容易生病，也因此沒有藥物使用過量之虞，被漁業者稱為「最乾淨的魚肉」。

吳郭魚一直是市場上淡水魚主流食材，記得十多年前，這類魚很便宜但也容易帶有土味，幾經漁民改良品種與養殖方式，目前不管是吳郭魚或紅尼羅都早已吃不到土味了。

近幾年超市也發現台灣鯛魚，一開始還弄不清楚這是甚麼魚，查了資訊才知道這是慈鯛科的吳郭魚，是經過漁民用心改良養殖讓肉質更細緻。

而這道食譜你可以選擇紅尼羅魚或吳郭魚，甚至品質更好的台灣鯛，任何一款魚只要使用這方式烘烤都十分美味。

☑材料：

紅尼羅魚一條約400-450g、蒜頭5顆、嫩薑一小塊、蔥一根、米酒1大匙、鹽1/4匙、樹子2大匙、樹子湯汁2大匙

☑作法：

1 魚宰殺清洗乾淨，擦乾水分，在肉較厚的部位劃開2-3刀。Ⓐ、Ⓑ

貼心小提醒
➤ 魚肉切開比較容易入味。

2 蒜頭去皮，洗淨切片。嫩薑洗淨切絲。蔥去根，洗淨切段。Ⓒ

3 魚擺入深烤盤或鋁箔盒，取米酒、鹽均勻的塗抹魚肉，浸漬10分鐘。

貼心小提醒
➤ 使用深烤盤湯汁才不會溢出。

4 蒜片、薑絲及樹子取一半塞入魚腹部內，其餘的均勻鋪在魚上方。Ⓓ

5 樹子及浸漬湯汁均勻淋在魚上方。Ⓔ

6 鋁箔盒覆蓋上鋁箔紙，把魚全部包裹並留一縫隙。Ⓕ

貼心小提醒
➤ 這條魚作法是蒸烤，因此必須全魚覆蓋。

7 烤箱開上下火240度預熱10分鐘，魚擺入烤箱烘烤25分鐘。Ⓖ

8 取出掀開鋁箔盒擺入蔥段，再覆蓋上，利用殘餘熱氣續燜3分鐘。

9 魚倒入餐盤，烘烤釋出的醬汁再淋於蔥段上。

樹子又稱為破布子，從樹幹一直到樹葉都有經濟價值，樹幹和樹根是藥用，種子除了食用也有藥用。不過，製作破布子的過程非常艱苦，破布子由大枝幹砍下來，再用剪花的剪刀一個一個剪，一定要連上果柄，絕對不能一粒一粒的剝，最後階段才能把破布子拔下來，為的是不浪費枝幹上的乳汁。

又黏又澀是破布子的食材特性，必須經過熬煮鹽漬才能食用，其中一種熬煮出黏性再加鹽拌勻塞入碗中，待冷卻就可以食用。

另一種是燙熬煮後再浸漬鹽糖水一段時間，浸漬過的樹子味道甘甜，很適合搭配清粥，樹子的甘甜味用來蒸魚更是美味又下飯。

於苗栗客家村莊尋找食材，很幸運的見到市場上沒見過的油柑，綠色油柑得轉為黃色才成熟，澀口油柑必須醃漬才好入口，一樣可搭配在料理中，品嚐了油柑雞湯，雖然料理方式不同，但可是一樣的美味喔。

油柑　　　　　　　　醃漬油柑　　　　　　　樹子

料理大變身：

同樣的蒸烤魚方式，可在盤底鋪上豆腐或冬粉，豆腐切片狀，冬粉則需用水泡軟再切短，不管添加哪一種都是鋪放盤底。

因為豆腐或冬粉擺放盤底會吸收魚的鮮味及樹子的甘甜味，一道料理就有兩種不同的食材，不論是選擇豆腐或冬粉，使用的樹子及浸漬湯汁都須再多加一匙，味道才足夠。

南乳烤雙鮮

20

自己動手做最大的好處就是——想吃什麼就做什麼！

喜歡玩食材更愛混搭風，經常會把豬肉跟海鮮搭配一起料理，當然，最主要的原因是我不愛豬肉，偏愛海鮮，把兩種食材搭在一起，感覺上豬肉的特殊味道就不是那麼明顯，同時也能品嚐不同的鮮味。

這道料理的決勝點有兩個，一個是提升香氣的香料；另一個則是要一起進烤箱的最佳搭檔。

首先是香料。因為禽肉類多少都有些腥味，因此香料是必需品，我試過九層塔和蘿勒兩種香草，對香味提升的效果都不錯，不過還是有些許差別，如果選擇九層塔則香氣會較濃，而蘿勒的味道則偏清爽，大家可視個人喜好來做選擇。

再來就是選擇好的搭檔了。這裡我選的是豆腐乳。一般的認知豆腐乳大多是搭配清粥食用，其實，豆腐乳的功用可多的呢，聽過腐乳空心菜吧，用它來炒菜也是不錯的；聽過羊肉爐吧，羊肉的沾醬有注意到嗎？也是用腐乳去調的喔……現在，我想讓大家再試試看，把豆腐乳用在燒烤上，相信你也會迷上那種絕妙滋味喔。

☑**材料：**

帶殼鮮蝦12隻、梅花火鍋肉片250g、蘿勒或九層塔一小把、南腐燒烤醬2大匙

☑**作法：**

1　梅花肉片攤開，每片橫切成兩份，拌入南乳燒烤醬。
　蘿勒摘下葉片洗淨，瀝乾。Ⓐ、Ⓑ、Ⓒ、Ⓓ

貼心小提醒
若肉片寬度較小
可使用一整片。

2　鮮蝦中間的殼去除，頭、尾端一節及尾巴留下，
　用牙籤抽出腸泥，洗淨擦乾水分。Ⓔ、Ⓕ

3　攤開肉片，間隔擺入2-3片蘿勒（或九層塔）葉片。Ⓖ

4　鮮蝦擺放一端，肉片纏繞去殼部位，捲裹緊實，接縫處朝下放置烤盤上。Ⓗ

貼心小提醒
不沾粉是因為肉片的蛋白質會自然沾黏。

5　烤箱240度上下火預熱10分鐘。

6　鮮蝦入烤箱上層烘烤10分鐘。Ⓘ

7　再改上火240度烘烤5分鐘。Ⓙ

貼心小提醒
鮮蝦本就易熟，肉片又薄，因此
千萬別烤太久，否則容易過老。
食用時可再搭配新鮮蘿勒。

南腐燒烤醬

　　這款燒烤醬必須再料理過。一般來說，拌醬的過程中不必刻意避開生水，但如果必須儲放多日才使用，亦或是要拿來做沾醬使用，在調製的過程中，就必須完全避開生水，一旦攪拌好，就必須立刻置入冷藏室保鮮，3日內使用完畢。

Amanda
的心情廚房

常覺得自己有時候還真像個古早時代的人，特別喜愛豆腐乳這種古早味醃漬品，每到一個旅遊景點或餐館，只要聽聞這家自製豆腐乳好吃，我肯定會帶走一罐，也導致家中豆腐乳堆積好多。

參觀豆腐乳觀光工廠參與DIY製作，帶回一小罐豆腐乳，上面標示「擺放三個月可品嚐」，但我就硬是多放了一個月才開封，果然比我想像中的還美味，剩下的醬汁還可拌炒蔬菜。

那該怎麼判斷豆腐乳的「年齡」呢？

由於豆腐乳不需冷藏，放置室溫下還會持續發酵，而老豆腐乳會比新製品更香醇美味，因此，在購買時除了色澤外，也請注意豆腐塊狀態，如果呈現非常扎實的狀態且顏色偏白，應該都是新製品無誤。

料理大變身：

我愛吃蝦，若會剩下那肯定是因為擔心膽固醇過高。

這道料理隔餐食用改造不難，先將鮮蝦頭尾取下，雙鮮捲切丁，拌入1/2顆蛋白及少許蔥花。再準備餛飩皮包裹成雙鮮餛飩，就大致完成了。

接下來，你可以有兩種選擇，一是煮開一大碗水燙煮餛飩，起鍋前加入少許青江菜末及蔥花、鹽、白胡椒粉；雙鮮餛飩湯就可上桌了，到時，加個麵或是冬粉、米粉，味道都不錯；二是起油鍋煎一下，就成了金黃脆口的雙鮮煎餛飩，相信這口味會讓你回味無窮。

材料：
　　豆腐乳2塊、蒜泥1/2匙、糖1大匙、米酒2大匙
作法：
　　1.蒜頭洗淨去皮，磨成泥狀。
　　2.豆腐乳壓碎與蒜泥、砂糖及米酒攪拌均勻。
　　3.不馬上使用的話，可置入殺菌玻璃瓶內儲存。

紫蘇梅燗小排

初夏是梅子產期，翠綠時極為酸澀卻是醃漬脆梅的最佳時機點，梅子七、八分熟時可醃Q梅，要醃漬到入口酸甜美味總得花費不少功夫與時間，這自然也是動手做的樂趣。

近兩年拜訪農村時常在農委會輔導的田媽媽餐廳用餐，使用當地特色食材做出私房佳餚，採低鹽、低糖、低油及高纖維料理，都是有媽媽味道的健康菜餚。

這些媽媽們也會自己動手作些醃漬物，或是應用在料理上，量多時還會販售給饕客，我在東勢田媽媽餐廳帶回一些手做紫蘇梅，想起紫蘇及梅子都能解膩，於是將它們與排骨湯做個結合，湯頭果真清澈微甜，非常好喝。

☑ **材料：**

豬小排一條、紫蘇梅5-6顆、薑一小塊、鹽1/3、
冰糖1/2匙、米酒1大匙、水300cc

☑ **作法：**

1 豬小排切小塊，洗淨瀝乾，加米酒醃漬20分鐘。薑洗淨切絲。

2 烤箱全開240度預熱10分鐘。

3 小排骨擺放烤盤，置入烤箱中層，烘烤20分鐘。 Ⓑ 、 Ⓒ

> **貼心小提醒**
> 排骨預先烘烤過可去腥增香，功用與汆燙相似。

4 小排骨整齊擺入小砂鍋、加紫蘇梅、薑絲、鹽、冰糖，水淹過食材
8-10cm，蓋上鍋蓋。 Ⓓ

> **貼心小提醒**
> 烤排骨釋出的肉汁記得加入，烘烤後湯汁會少一
> 些，喜愛喝湯可將水量增加100cc。

5 小砂鍋擺進烤箱中層，鍋蓋留一小縫隙，240度全開烘烤30分鐘。 Ⓔ

> **貼心小提醒**
> 鍋蓋留縫隙可幫助熱對流，加快烘烤速度。

Part 2
烤魚肉：不腥不膩主廚菜

初秋時節我造訪梅子最大產地南投「信義鄉梅子夢工廠」，伴手禮館內任何你能想到的醃漬梅這裡都有，不想自己動手或沒有信心做好醃梅，到此一遊不妨進入採購吧，至少不必擔心奇怪的添加物。

想起媽媽跟我一樣喜愛蜜餞，自然得帶上幾包，尤其紫蘇梅微酸又不過甜，不僅口感好也能增添香草氣息，食慾差時吃上兩顆梅子就很開胃。

梅子夢工廠

梅子夢工廠

料理大變身：

排骨燉湯在我家總是會剩下排骨肉，不知道大家的情況是否和我家狀況一樣？

因為燉煮過的肉骨再回鍋處理大多會變得乾澀口感很差，所以，這個問題曾經困擾我好一陣子，該怎麼讓剩下來的排骨肉也能被運用呢？

突然有一天，我想到一個方法，我先將肉骨上的肉塊取下，盡可能撕成條狀，汆燙少許豆芽菜，準備一匙Q梅汁、一匙日式昆布醬油、少許蔥花加入肉骨絲拌勻，這樣一來，原本乾澀難以入口的排骨肉，就突然美味破表，非常爽口，所以，如果你家跟我家一樣對排骨湯肉，有相同的困擾，那就別再擔心，用我的方法試試，剩菜也可以健康又美味哦！

但如果剩的是湯呢？那就更不用擔心了，泡飯、煮麵，甚至變成湯頭，煮個梅汁火鍋，也是去油解膩的好料理喔。

蒼蠅頭

這道有著奇怪名稱的料理，是頗為知名的四川菜，舉凡大餐廳、小餐館都有它的蹤跡，但也有一說它是道地的台菜，不過，只要是美味的料理，就別太在意到底是哪個地方的菜餚了吧。

一般印象中的蒼蠅頭是又辣又鹹的，為了要讓蒼蠅頭能更大眾化，要提升它的適口性，適合各年齡層食用，這個部分我就會做一點小小的改變，減少它的辣度和鹹度，美味當然也不能夠消失。

首先，要做蒼蠅頭就離不開帶有豉汁的黑豆豉，不過，我個人偏好咖啡色乾豆豉，這樣一來，料理出來的蒼蠅頭，既不黑，也不會太鹹，至於辣度，只要適量的做點調整，甚至可以不加，也不影響蒼蠅頭的味道喔。

☑材料：

絞肉150g、韭菜花小半把、黑豆豉1大匙、薑末1匙、米酒1大匙、辣椒少許、白胡椒粉1/6匙、醬油1匙、糖1/4匙、水2大匙

☑作法：

1 薑洗淨切細末。韭菜花挑除底部粗纖維及花朵，洗淨切小丁。**Ⓐ**、**Ⓑ**

2 絞肉加入薑末、米酒、醬油、糖、水、胡椒粉攪拌，再加入豆豉攪勻。**Ⓒ**、**Ⓓ**

3 烤箱240度上下火預熱10分鐘。

4 絞肉置入烤缽再拌入豆豉，擺進烤箱中層烘烤25分鐘。**Ⓔ**

> **貼心小提醒**
> 不蓋鍋蓋是為了增添烘烤香氣。

5 取出烤缽，肉末已經結塊，取湯匙將它們壓開弄散，加韭菜丁攪拌均勻，愛吃辣可加適量辣椒末。**Ⓕ**、**Ⓖ**

6 烤箱240上下火，蓋上鍋蓋留一小縫隙，以烤箱中層再烘烤10分鐘。

Amanda
的心情廚房

每回吃韭菜總會想起父親。父親喜歡在午餐炒板條或煮米苔目，因此，在田埂邊種植一排綠韭，說是只有韭菜跟板條、米苔目最對味，只要是想要炒板條或是要煮米苔目的當天，一早父親便會到農田裡現採韭菜回家，我們只要一看到韭菜，就知道當天又有好吃的米苔目或是板條可以吃了。

父親告訴我，小葉綠韭比較好吃，總是挑選最嫩的時候採摘，烹調前也還會再仔細的挑整好半天，每次在一旁看到這麼繁複的過程，我都不免會覺得麻煩，不過卻也從來沒有懷疑過父親說的話，因為經過他仔細的挑整、料理，味道還真的是比大葉綠韭菜來得香又好吃。

如今父親已過世了，但我還是經常會想起父親辛勤在田埂裡的身影，他親手種植的新鮮蔬菜，鮮嫩無毒，吃起來更是格外地安心美味。父親雖已離開，但是要吃健康食材的精神，將永遠留在我心裡。

料理大變身：

蒼蠅頭是一道極下飯的料理，但萬一沒吃完怎麼辦呢？一再地重複回烤或蒸，味道難免會跑掉，想要保留原汁原味，你也可以試著做做看。

你可以先準備潤餅皮、越式春捲皮或是刈包、饅頭、土司。然後把從冰箱裡拿出來的蒼蠅頭直接包在裡面。

但你一定會想，這樣不就冷冷冰冰的，好吃嗎？當然不好吃。

包好後，起油鍋，再把潤餅捲或土司放進油鍋中，稍煎個三分鐘，瀝油起鍋即可。

至於饅頭和刈包，只要先蒸熱，再包入蒼蠅頭，自然也會變成熱的。

越式春捲皮的作法更容易，因為越式春捲本來就是冷食，因此，包好後，就可以食用。

改用蒼蠅頭當內餡，一樣是豐富又美味，不需再添加任何配料，都是美味的變化。

蜜汁叉燒肉

市面上很多標示蜜汁的食品，其實大部分都使用麥芽糖，因為蜂蜜不適合高溫烹調，當然也有店家還是會使用蜂蜜來料理，雖然香味還在，不過營養成分卻完全流失。

不論是豬排或牛排，一開始烹調就必須先用高溫讓表皮快熟，也才能將鮮美肉汁完全鎖住，若是使用低溫慢慢烘烤，肉汁可是會完全流失。

別以為新鮮肉塊就沒腥味，烘烤叉燒肉前還是必須先做醃漬，如此才能去除肉塊原有的腥味，冷藏等候一日入味再來烘烤，才不會外皮有了香味，內層還殘留著腥味。

☑ **材料：**
　梅花肉排約400-500g（厚約3cm）

附註：
麥芽糖3大匙加水3大匙，小火煮至麥芽糖融化，放涼即可取用。

☑ **醃漬醬汁：**
　老豆腐乳一塊、豆腐乳湯汁1大匙、麥芽糖水5大匙、砂糖1/4匙、米酒1大匙、蒜泥1/2匙、白胡椒粉1/4匙

☑ **作法：**

1 梅花肉洗淨擦乾，拌入醃漬醬汁，擺進塑膠袋，冷藏浸漬一天。Ⓐ、Ⓑ、
　Ⓒ、Ⓓ　　**貼心小提醒**
　　醃漬過程偶爾取出揉捏翻面，讓肉塊更容易入味。

2 烤箱240度上火預熱10分鐘。

3 肉排擺上層烘烤20分鐘，翻面再烤15分鐘。Ⓔ、Ⓕ

　　貼心小提醒
　　底下烤盤鋪一張烤盤紙，避免肉脂滴下烤盤不易清洗。

4 220度全開預熱5分鐘。

5 肉排改放中層，烘烤20分鐘。Ⓖ

　　貼心小提醒
　　底下有烘焙紙阻隔的一面，有可能不夠焦香。

6 肉排取出翻面改上火。一樣220度，再烘烤5-8分鐘。Ⓗ

農家除了種植蔬果，大多會在家中養豬、雞、鴨，我們家也不例外，豬、雞畜養從沒間斷過。

養母豬是為了生小豬，因為小豬可販售且價格高，這對農家來說也是主要經濟來源，其中又以小母豬價格較好，因為養大後一樣能夠生養小豬。

幾次南下旅遊停留在休閒農場，見到雞鴨跟小豬總是備感親切，雖然大都是迷你型小豬，也是現在各地容易見到的麝香豬，這種寵物豬是農場專門提供遊客觀賞用的，讓孩童也有機會多親近小動物。

麝香豬

料理大變身：

燒臘店常見的叉燒肉便當以及日式拉麵擺放的叉燒肉，都可用這道蜜汁叉燒來做搭配。

想改造並不難，熱食可切小片再添加青蔥或蒜苗拌炒，不過做涼拌會更對味。

準備生菜、苜蓿、小黃瓜絲，叉燒肉切寬條，叉燒肉醃漬醬汁2-3大匙（不添加米酒改加冷開水）拌入生菜一起食用，清爽也有飽足感。

蜜汁柴魚香鬆

24

柴魚不是柴，牠真的是一條魚，罐頭上常見的鰹魚就是製作柴魚的主要食材。

一般來說你不會買一條硬梆梆的柴魚回家，因為不曉得從哪裡下刀才能取下烹調。因此市面上你不會看到整隻黑烏烏的柴魚，見到的都是刨成薄片輕飄飄的柴魚片。

有一年父親前往澎湖工作帶回幾條柴魚，給了我兩條，收下時很開心，準備料理時可就大傷腦筋了，這硬梆梆的魚塊，我到底該由哪下刀，最後選擇用剁刀切幾塊熬成高湯使用。

哪裡可以用上柴魚片呢？涼拌豆腐、味噌豆腐湯、鮮魚湯……等，柴魚片用在煮湯可增鮮味，因此蚵仔線麵跟魷魚羹也時常見到柴魚片。

曾經旅遊花東經過柴魚工廠，導遊特別讓大家下車採購鮮刨柴魚，目前花蓮也有個柴魚博物館，一直沒機會參觀，不然愛料理的我應該會帶回更大包的柴魚片回家。

☑材料：
柴魚片100公克、生白芝麻5大匙、蜂蜜3大匙、味醂3大匙、醬油1大匙。

☑作法：

1 白芝麻洗淨瀝乾水分，放入烤盤平均攤開。

2 烤箱全開150度預熱5分鐘，白芝麻擺入中層，烘烤25分鐘。 B

3 再改上火200度烤5-8分鐘，外皮顏色呈現金黃色澤，取出冷卻。

 貼心小提醒
白芝麻需用溫火慢烤，快火容易烤焦。

4 柴魚及冷卻白芝麻倒入乾淨且乾燥的大湯鍋備用。 C、 D

5 蜂蜜、味醂、醬油倒入烤碟混合。 E、 F

6 烤箱200度預熱5分鐘，蜂蜜醬汁擺入烤箱中層，
烘烤8-10分鐘醬汁煮開即可。

 貼心小提醒
蜂蜜不需加熱，醬汁只要溫度超過60度就可以。

7 醬汁趁熱繞圈淋入柴魚片中，用平板木勺快速攪拌均勻，確定柴魚均勻沾裹
醬汁。 G

8 等候冷卻，填裝入乾燥密閉罐保存。

貼心小提醒
蜜汁柴魚請放置冰箱冷藏儲存，製作過程中不沾染水氣可保存一個月。

Amanda
的心情廚房

為了工作我上了一趟阿里山，在餐廳嚐了這道料理，看似海苔口感又似香鬆，問了老闆娘主廚才知道這是茶葉，好手藝的她將茶葉去梗切絲，使用油炸方式把茶葉絲炸得香酥，口感非常好而且不油膩。

聽說這茶葉香鬆作法還曾經在廚藝大賽中得過冠軍獎，除了創意與眾不同，廚藝更是了得，要想不得獎都難，下次再上阿里山一定要再來拜訪用餐，品嚐阿里山道地特色餐點。

茶葉香鬆

料理大變身：

香鬆搭配白稀飯是完美組合，連清淡無味的粥也變得鮮又香，我愛準備一罐在冰箱，隨時都能為家中清粥多一碟鮮味小菜。

包裹白米飯糰時總覺得少了香味嗎？加一勺蜜汁柴魚香鬆吧，有別小魚乾的腥味，柴魚不但能增鮮，料理成香鬆也很香，偶爾還會貪心多加一勺呢。

此外，乾拌麵、壽司等，跟香鬆也是絕配。尤其是乾拌麵，加上適量的香鬆，口味絕對勝過又油又鹹的酢醬麵，清爽不油膩的口感，百分之百會讓你愛上它。

香鬆沙拉也是可以嘗試的作法。我研究了兩種吃法。一種是直接拿土司包裹適量的香鬆，再擠一些沙拉醬在香鬆上，包起來就成了香鬆沙拉捲；第二種則是生菜香鬆，把愛吃的蔬菜洗淨做成沙拉，淋上和風醬後，撒上適量的香鬆，就成了香味口感都好的生菜香鬆了。

辣味肉燥

肉燥在台式料理中扮演著重要的角色，也是很下飯的料理，一直以來，我常做的肉燥都是傳承自父親的手藝，也是市面上傳統古早味的作法。

不過為了怕家人吃膩，我還是常動腦筋更換食材配料，嘗試不同的作法。

一般做肉燥都喜歡用油脂高、帶點豬皮的肉，這道辣味肉燥我改用不帶豬皮，但還是含有少許油脂的豬絞肉，烘烤後比較不會乾澀。

豬肉料理首重去腥增香，其次才是提味，所以，該加的辛香料可一點都不能忽略，我個人的習慣是會在這一道料理中多加些辣味，這樣一來就會更開胃，只要餐桌上有這道料理，白飯可就得多準備些才夠吃呢。

☑材料：

豬絞肉300g、蒜頭10粒、辣豆瓣醬1大匙、九層塔1把、醬油1匙、米酒1大匙、冰糖1匙、水150cc

☑作法：

1 蒜頭去皮切細末。九層塔取葉片洗淨。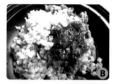

2 絞肉加入米酒、蒜末、辣豆瓣醬，攪拌均勻，置入烤盅攤開。Ⓑ

3 烤箱上下火240度預熱5分鐘。

4 絞肉入烤箱中層烘烤20分鐘。Ⓒ、Ⓓ

> **貼心小提醒**
> 不蓋鍋蓋可將肉烘烤出香味。

5 取出壓開結成塊的肉末，加醬油、冰糖、水，喜愛超辣口味的人可再加些辣椒末。Ⓔ

> **貼心小提醒**
> 肉有蛋白質會結成塊狀是正常的。

6 再次入烤箱240度全開，蓋上鍋蓋，烤30分鐘。

> **貼心小提醒**
> 蓋上鍋蓋才能避免水分乾枯，以防止出現肉還沒熟透就已經烤乾的狀況。

7 取出拌入九層塔即可，不喜歡生食九層塔，可再入烤箱，不蓋鍋蓋，利用餘溫烘5分鐘。

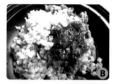

Amanda
的心情廚房

我很喜歡亂搭食材，總能在不斷嘗試中，開發出不同口感的美味料理。

芋頭就曾經是我肉燥中的配料之一。說到芋頭，大家都知道檳榔心芋頭好吃，芋頭最知名產地有屏東高樹鄉、台中大甲鎮、苗栗公館鄉、高雄甲仙鄉，金門的芋頭也有極特別的口感。

挑選芋頭我幾乎不問產地，只問品質，只要是台灣產的檳榔心芋頭，因台灣農民技術好都很優質，芋頭都是香Q鬆軟。這樣品質的芋頭入菜、煮湯，都會使人輕易的愛上它。

此外，芋頭的營養價值也很高，　含有可以幫助血壓下降的鉀，以及保護牙齒的高量維生素以及促進肝解毒的黏質，而且芋頭的澱粉顆粒較小，僅為馬鈴薯的1/10，所以容易讓胃吸收消化，消化率高達98.8%，還有它的纖維質，也可以預防便祕。

　　雖然芋頭主要成分是澱粉，但醣類含量不高，再加上內含有助燃燒碳水化合物的維生素B1以及幫助燃燒脂肪的維生素B2，所以，就算是怕胖的朋友也可以放心品嚐呢。

芋頭田　　　　　　　　　　芋頭田

料理大變身：

怕家人吃膩肉燥會再做些微調，這一道可添加芋頭做變化，會有不同的香味及口感。

準備芋頭200g去皮切小丁，另擺一烤盤不蓋鍋蓋，與絞肉一起置放中層烘烤20分，絞肉結塊壓開後再加入芋頭，水加到250cc，除了蒜頭、辣豆瓣醬不增加，其他調味料再加一倍，烘烤40分鐘即可。

酸辣透抽

酸 甜辣這幾種滋味時常會搭在一起，這就是料理有趣的地方，不論是單一口味，甚至多重口味都能表現出色。

這道注重的是酸辣，甜味只是輔助調味，讓果酸味不至於過重，千萬別因為怕太酸或太辣而加入過多的糖，這樣反而容易讓這道料理的口味變調。

透抽還有個名字是小卷，它的脂肪含量不到2%，且含有高度的不飽和脂肪酸，這些必需脂肪酸有助於降低冠狀動脈心臟疾病與動脈硬化的發生，甚至有些研究還指出，這些多元不飽和脂肪酸對於預防老年癡呆症、增進腦神經機能與改善記憶學習能力都有幫助。

至於大家最關心的膽固醇的問題，在透抽身上也不用太過擔憂，只要不與內臟一起食用，且在食用前，能夠充分的將其原本內含的鹽分洗掉，就能夠避免膽固醇的問題，以及防止鹽分攝取過多，造成心血管或血壓的問題。

此外，在這道料理中所使用的小番茄，也可改用大番茄，不過大番茄必須先烘烤去皮，口感才會更好。

☑**材料：**

透抽一大條、洋蔥1/2顆、小番茄8顆、檸檬汁1匙、九層塔少許、大紅辣椒1條、鹽1/4匙、冰糖1/2匙

☑**作法：**

1 透抽取出內臟，去皮洗淨，橫切1cm寬圈狀。 (A)、(B)

貼心小提醒
→ 透抽烘烤後會縮水，別切太小塊。

2 洋蔥去皮洗淨，切絲。小番茄洗淨對切。九層塔取葉片洗淨。辣椒洗淨切末。蒜頭洗淨，去皮切末。(C)、(D)

3 烤箱上下火220度預熱10分鐘，透抽置入烤盤，入烤箱中層，洋蔥絲及蒜末擺另一烤盤一同置入烤箱，烘烤12分鐘。(E)、(F)

貼心小提醒
→ 蒜頭不管是切片或末，烘烤時要塞入洋蔥絲下方才能避免烤焦。

4 透抽取出，洋蔥絲繼續再烤8分鐘。

5 取出洋蔥絲加入番茄，透抽烘烤釋出的湯汁、鹽、冰糖拌勻。(G)、(H)、(I)

貼心小提醒
→ 番茄會釋出果汁，所以別再加水。

6 再入烤箱中層，220度烘烤12分鐘。

7 取出加入透抽、九層塔葉、檸檬汁拌勻即可。(J)

貼心小提醒
若不習慣生食，食材拌勻後，再入烤箱烤兩分鐘。同時記得幫料理換個漂亮餐盤再上桌。

有一段日子我特別喜愛在後陽台上種些蔬果，只要是種植簡單又少蟲的，都列入菜園名單，像是地瓜葉、小辣椒、芥藍菜、小白菜、茼蒿，還有小番茄、甜椒，都是我的有機蔬果菜園成員。

種植小番茄其實沒想像中那麼困難，生命力旺盛的它還會攀爬鐵窗往上走，只得把它往下拉，免得採收時還得爬窗。

參觀有機農場見到這一串串紅色番茄，讓我回想起我的小菜圃，目前家裡的小菜圃早已經轉型改種植多肉與香草植物，老公總叮唸我種那麼多不能吃的東西，雖然還有可食的香草植物，但想必他還是比較喜歡蔬果吧。

小番茄

小番茄

料理大變身：

這一道酸辣海鮮有泰式料理的影子，差別只是沒有泰式香料，如果喜歡是可以添加少量香茅或魚露，不過魚露就已經有鹹味了，料理時可別再做調味。

這道很適合加入米粉做成酸辣海鮮口味，高湯或清水燙煮一把米粉，加入酸辣透抽略滾，再加入少許芽菜，調味，就極美味了。

鳳梨銀耳蝦球

很 少有主菜跟配料全都是我喜愛的食材，這道是特例之一，使用新鮮鳳梨自是為了能夠嚐到它的酸香，因為我喜愛有酸味的水果。

可能會有人想問，那可以用其他的水果來搭配嗎？

當然可以，酸甜味都有的柑橘類水果，都可以拿來替換，如果你不愛酸味的水果，換成奇異果切片也OK的。

有別於添加沙拉醬的鳳梨蝦球，這一道除了不添加油脂、口感非常清爽之外，搭配黑白木耳增加膠質、膳食纖維、多醣體及植物膠原蛋白，口感也會更滑潤，這樣的料理當然也就更健康了。

材料：

新鮮鳳梨一塊、帶殼鮮蝦12隻、乾白木耳1朵、黑木耳一朵、嫩薑一塊、青蔥1根、鹽1/5匙、糖1/2匙、檸檬汁1匙

☑作法：

1 鳳梨心切除，果肉切寬條。嫩薑洗淨切絲。蔥去根洗淨切段。Ⓐ、Ⓑ

> **點心**小提醒
> 鳳梨加熱後會縮水，所以別切太小塊。

2 白木耳洗淨泡水10分鐘，去梗剝開葉片。黑木耳洗淨去梗，切絲。Ⓒ、Ⓓ

3 鮮蝦去頭去殼，背部劃開1/2，洗去腸泥，擦乾水分。Ⓔ、Ⓕ

4 烤箱240度上火預熱10分鐘。

5 蝦肉放入淺烤盤，置入烤箱中層，烘烤12分鐘，端出備用。Ⓖ

6 鳳梨、嫩薑絲、白木耳、鹽、砂糖攪拌均勻，
置入小陶鍋，蓋上鍋蓋留一縫隙。Ⓗ

> **點心**小提醒
> 鳳梨會出水，所以不必再加水。

7 烤箱240度上下火預熱5分鐘。

8 小陶鍋置入烤箱中層，烘烤20分鐘。

9 鍋蓋取下，加入鮮蝦、蔥段拌勻，不蓋鍋蓋，再入烤箱烤5分鐘。Ⓘ

10 取出小砂鍋再加入檸檬汁就大功告成囉！Ⓙ

> **點心**小提醒
> 檸檬汁可增香一定要加，怕酸可減量。

鳳梨是很棒的水果，去皮就可食用，外皮還能除臭！鮮果可搭配料理，盛產時可以做果乾，還能醃漬。醃漬鹹口味鳳梨入口甘甜，也是台式料理必備主食材，不論是單獨醃漬或與豆腐乳一同醃漬，它都有非常出色的表現。（可以參考我的第一本書《30分鐘，動手做醃漬料理》，裡面就有詳細的作法喔！）

前往台南小旅行，在休閒農場見到這些陶甕，不由得想起小時候，媽媽跟奶奶的床板下，總會有這樣的甕，裡面總是醃漬著我們愛吃的東西，由於怕調皮的我們不小心把它們弄破，因此，媽媽和奶奶倆總愛把醃漬甕藏在床板下，以免一整年的心血被我們不小心浪費。

醃漬甕

料理大變身：

食材中任何一款加入沙拉都很合適，鮮蝦冷卻也不會有腥味，如果真的擔心有腥味，可以在蝦洗淨後，先以料理用酒醃一下，去腥味。綜合起來這道菜不論熱食或涼拌都好吃。

改造成沙拉只要再多加一些鳳梨、檸檬汁、鹽做調味，再挑選幾款喜愛的生菜蔬果。對我來說，我比較偏愛蘿蔓、甜椒、苜蓿、小番茄等，適合的食材很多，大家可以自行調整，然後再酌量增減調味出適合自己的口味。不過，這裡還是要提醒大家，沙拉醬汁還是清爽比較好，才不會搶去主食材的味道。

鮮蚵豆腐

28

這 道海味小吃，是很下飯的家常菜餚，在自助餐及海鮮餐館不難見到它的蹤跡。

在製作這道料理時，有兩個重要的撇步，第一是調味去腥，第二是無油但要滑口。只要能夠做到這兩點，那這道料理就大大成功了。

調味的部分，因為這道是海鮮料理，在料理的過程中，一般人大多會添加少許辣椒來提味，但還是要顧慮到有些人並不擅吃辣，所以最好選其他的辛香料來去腥，倘若不加，極有可能產生腥味，整鍋菜就被破壞了。

針對這次的主題「無油」，我在選食材時也特別注意食材本身的油脂含量，油脂含量太高，往往會使整道料理吃起來過於油膩，但如果油脂含量太低，則有可能會造成乾澀且難以吞嚥，不過這道鮮蚵豆腐選擇搭配的食材是滑嫩的豆腐，自然沒有前面說的兩個問題，只要再加入少量太白粉水，口感就會更順口。

☑材料：

鮮蚵200g、乾豆豉1大匙、豆腐1塊、蒜頭5顆、辣椒一條、青蔥1根、醬油1匙、1/4糖、太白粉1匙、水40cc

☑作法：

1 蒜頭去皮，洗淨切末。豆豉洗淨瀝乾。一同置入烤缽拌勻。Ⓐ、Ⓑ

2 烤箱不預熱，擺入烤箱上層170度上火烤12分鐘。

3 取出烤缽添加醬油、糖、水攪拌均勻，再拌入豆腐丁。Ⓒ、Ⓓ

> **貼心小提醒**
> 豆腐會出水，因此不蓋鍋蓋烘烤，這樣不但能讓豆腐有香氣，同時也可以減少因為悶烤產生的水分。

4 烤箱240度全開預熱10分鐘，烤缽擺進後再烘烤15分鐘。

5 取出將豆腐翻面，太白粉加水一起拌入，Ⓔ

6 鮮蚵加鹽抓洗瀝乾，擺上輕壓浸入醬汁。Ⓕ、Ⓖ、Ⓗ

> **貼心小提醒**
> 在這個步驟中，為了怕鮮蚵過焦，可以蓋上鍋蓋，只需在邊緣留下空隙即可。

7 再入烤箱，視鮮蚵數量及大小再烤8-12分鐘。Ⓘ

因應漁業轉型,漁港港口也開始熱鬧了起來。有一回,為了找尋在地好食材來到王功漁港,發現這輛知名插畫家彩繪的超炫三輪車。

彩繪車前身是採蚵車,是漁民下蚵田的工具車,經過彩繪美化用來吸引遊客,搭著它悠遊漁港,認識潮間帶、看看蚵田,黃昏退潮時還能進入沙灘挖文蛤,是很難得的體驗,也是一個很有趣的食材之旅,下回如果有去王功,建議你一定別錯過喔。

料理大變身:

通常這道料理,剩的機率不大,但如果真的剩下來,再回熱又怕會失去原味,想讓剩下來的鮮蚵豆腐變得更好吃,變身是一定要的。那怎麼變呢?

通常,我會建議做成燴飯。

把隔夜飯放入電鍋中,再把剩下來的鮮蚵豆腐放入鍋中熱,熱好後,拌一拌自然就出現美味的燴飯了。同理,拌麵也是可以的。在外面租屋的學生們最常吃的泡麵,泡開後再拌入,不用任何調味包就很美味囉。

另外,因為我特別喜愛吃蚵捲,所以,每次只要做這道料理,鮮蚵的部分,我都會多買一點,把用剩的鮮蚵就用來做蚵捲,雖然食材不全然相同,卻有類似的因素存在。

食材也很簡單,春捲皮、豆皮、豆包,任選一款,再準備少量白韭菜或綠韭菜,洗淨切碎末,鮮蚵豆腐湯汁略為瀝乾與韭菜、白胡椒粉拌一起。

若使用豆皮請先泡水軟化去油脂,將食材包裹成捲,一樣入烤箱200度上下火加熱15-25分鐘,只要注意外皮水分越多烘烤時間越長。

用烤箱做出來的蚵捲不會像油鍋炸出來的一樣含油量高,反而更爽口,大家不妨試試這種作法。

檸檬豬肉乾

切 一片超薄檸檬片沾裹白砂糖食用，這是前些年突然竄紅的食用方式，我雖未曾嘗試過，但也知道這味道肯定酸甜美味。

添加蜂蜜的檸檬水更是市場上永遠不敗的飲品，不論哪個季節你都能在咖啡飲品店喝到這杯美味果汁。

不過我更愛把檸檬果入菜，正確來說除了籽之外，果汁、果皮皆可入菜，果醬書裡也曾示範過將檸檬皮製作成果醬的方法。

但這裡只取檸檬精油的香不希望添加它的酸，用量上可要拿捏控制好，取用食材檸檬皮還是比果汁多。

☑材料：

豬梅花細絞肉600g、有機檸檬2-3顆、檸檬汁2-3大匙、薑汁2匙、麥芽糖水6大匙、白胡椒粉1/2匙、醬油1大匙

☑作法：

1 豬絞肉置入調理機絞打至產生黏性，或是用刀來回細切2-3回，讓肉末更細緻產生黏性。Ⓐ、Ⓑ、Ⓒ

2 麥芽糖加水，小火煮開融化，放置涼透。

> **貼心小提醒**
> ➤ 麥芽糖水：100g加50cc水、2匙糖，小火煮融化，放涼即可取用，砂糖也可不加。

3 檸檬刷洗再沖洗乾淨，瀝乾。擦板磨下整顆綠色檸檬皮。檸檬取一顆切開擠出檸檬汁。Ⓓ

> **貼心小提醒**
> ➤ 檸檬皮只要刷下綠色部分，2-3顆的份量，量越多香氣越濃。

4 絞肉置入寬口鍋，加醬油、薑汁、胡椒粉、檸檬皮碎、檸檬汁及麥芽糖水6大匙加入攪拌均勻，確認調味汁吸收。Ⓔ、Ⓕ

5 肉糰均分3等份，置入冷藏至少一小時，取出一份肉泥於烤紙上，再覆蓋上保鮮膜或透明塑膠袋，桿麵棍輕輕推開攤平厚度一致約0.2cm。Ⓖ

> **貼心小提醒**
> ➤ 一定要先冷藏過，否則烘烤過程肉汁會完全流失，而且肉乾也會不香。

Amanda
的心情廚房

我愛檸檬入菜，爸爸的果園栽種了讓我們可以安心食用的檸檬，而今他已經不在了，弟弟們接替檸檬小農工作，雖不是專業農夫，依然維持果園茂盛的景象，讓我有享用不盡的新鮮無毒檸檬。

喜愛檸檬開花季節，聞著清雅花香，欣賞白色小花，等待結成一串串綠色小果實，捨不得浪費這種好食材，鐵板摩擦取下檸檬綠皮，帶著濃濃精油清香讓人精神特別好，用來做料理除了去腥，也為這道料理加分不少。

6 推平肉片再移除保鮮膜，肉片連同烤盤紙擺入實心烤盤。**H**

7 烤箱上下火180度預熱10分鐘，肉片擺進烤箱中層烘烤20分鐘。**I**

　　貼心小提醒
　　烤箱內的網狀鐵架倒扣肉片上，將肉片翻轉上，烘焙紙移除。

8 在肉片上刷上一層麥芽糖水，均勻灑上白芝麻，再入烤箱烘烤10分鐘，讓肉片乾爽。**J**

9 等候肉片冷卻，剪成條狀或塊狀，置入保鮮盒冷藏保存。

　　貼心小提醒
　　底部沒有烘焙紙隔熱，溫度較高，所以第二次烘烤時間別太長。

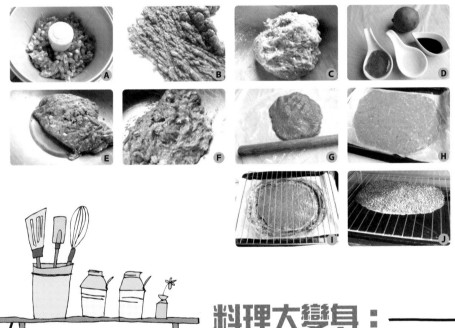

料理大變身：

單吃就能聞到檸檬清香及淡淡的甜香肉汁，不油膩真的很清爽，只是這一大片吃膩了怎麼辦？

或許可以將它變化成一道開胃菜吧！

肉片剪成細條狀，再準備新鮮生菜，灑上肉乾條，澆上檸檬汁、少量鹽巴及辣椒末組合成的醬汁，既簡單又能增加美味的改造，希望你也會喜歡。

剁椒魚頭

在湘菜館裡，這可是必點的一道名菜，如果學會了，在親朋好友眼中，立刻能躋身大師的行列，怎麼可以不學起來呢？而且，這裡教大家的可一點也不麻煩哦，簡單的烤箱就能替你完成，不相信？看下去就知道。

道地的剁椒魚頭最大的特色是辣和油。辣是湖南菜的特色，這不用多說，但油可就要一提了，湖南人做這道菜用的油可一點也不隨便，他們用的是茶油。

先來說說辣吧。辣椒可以各種不同的形式出現在料理中，新鮮辣椒、乾辣椒、醃漬辣椒及辣椒粉，每一種都有不同的香氣及呈現方式。像是宮保辣椒，就一定要用乾辣椒；韓式泡菜則全得用辣椒粉；浸漬的剝皮辣椒最適合用來煮雞湯、肉燥，都能使美味加分，至於炒菜，則大多使用鮮辣椒，偶爾也搭配些乾辣椒。

但我在這裡使用的剁椒又與上述剝皮辣椒作法全然不同，氣味自然也大不相同，認真說來剁椒比較香，因為製作過程中增加了其他辛香料，在室溫下幾日自然發酵，因此會有類似韓式泡菜的發酵香味。

特別喜愛發酵香氣又不想吃太辣，使用辣椒可酌量更改，大紅辣椒辣度較低，紅小辣椒的辣度又比朝天椒略差一些，這裡我則使用大紅辣椒跟小紅辣椒各半。

☑作法：

1 蔥去根洗淨，一根切末，一根拍開。薑洗淨一半切末，另一半拍開。

2 蒜頭洗淨去皮，切末。鮮辣椒洗淨，切末。A、B

3 取拍開的蔥與拍開的薑浸泡米酒20分鐘。C

貼心小提醒
蔥、薑拍開較能釋放出味道，若使用老薑請減量。

4 魚頭洗淨擦乾，蔥、薑、酒抹魚頭內外，浸漬20分鐘。

> **POINT**
> 這是去魚頭腥味很重要的步驟，千萬別省略。

5 剁椒、蒜頭、薑等辛香料置入烤碟拌勻。D

6 烤箱不預熱200度上火，剁椒香料入烤箱烘烤15分鐘。E、F

7 剁椒辛香料加入蠔油、水攪拌均勻。

貼心小提醒
這時可把浸漬魚頭的蔥、薑丟掉，酒倒掉。

8 魚頭擺入烤盤，鋪滿辛香料，蓋上鍋蓋，留一小縫隙。G

貼心小提醒
鋁箔紙可取代鍋蓋。至於留一小縫隙主要的目的是幫助熱對流，使有厚度的魚頭較易熟透。

9 烤箱240度全開，魚頭擺進中層，烤25-30分鐘。

A

B

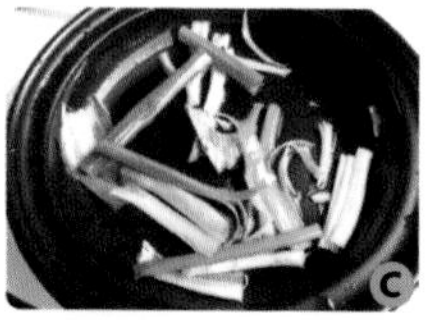
C

D

E

F

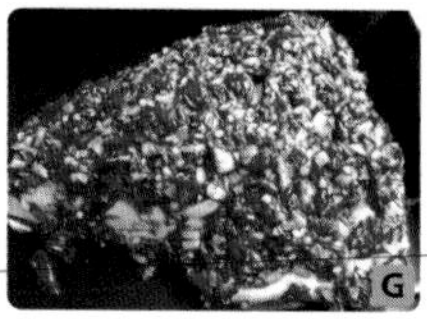
G

自製剁椒

材料：
新鮮紅辣椒600g
大蒜10顆
嫩薑一小塊
米酒4大匙
鹽1匙

作法：

1.辣椒不去蒂頭，整根清洗乾淨，鋪放鐵盤蓋上防塵布，置放太陽底下曝曬一天，別曬成乾。1、2

貼心小提醒
沒有陽光時可用烤箱180度上下火烘烤一小時。

2.收回辣椒，戴手套，切除蒂頭，整根切末再剁碎。3、4

有一年媽媽給我好多曬乾的朝天椒，問她辣椒從哪來，說是果園裡自己長出來的，討論種子來源可能是小鳥咬來。

當時發現果園邊突然冒出一棵辣椒，也不怎麼管它，只是爸爸偶爾會幫它施點肥，屏東氣候佳，辣椒後來竟然也長成小樹，結了很多又很大的果實。那幾年辣椒長得非常茂密，數量實在太多，除了開放親友採收，媽媽也隨時採收曬乾保存。

居住鄉村就是這麼有趣，時常會出現意想不到的植物，常有意外的驚喜，芒果樹、龍眼樹、荔枝樹，都可能是因鄰家孩子吃完果實，種子隨地丟，就這樣自然發芽成長。記憶中，家中有棵木瓜樹就是弟弟們「隨手丟」的傑作。

辣椒樹

料理大變身：

除非嗜辣者，不然，這道剁椒魚頭最後剩下最多的，應該就是上面辣得夠嗆的辛香料吧。相信很多人跟我一樣，在下筷子前會把上頭那些辣椒先撥到一旁，否則即便不變成噴火龍，也有可能變成香腸嘴。

但如果不排斥吃點辣，那辛香料就別輕易丟掉，它們的用途可多變的呢。

首先，它可以變身成「川辣麵」或「川辣冬粉」。只要取適量未食用完的辣椒辛香料拌煮好的麵條或冬粉，簡單的就能變出一碗好吃的「川辣麵」或「川辣冬粉」，除了香辣之外，還多了魚的鮮味。

另外，我也建議大家可用少許高湯，再加上辛香料煮成湯，熱呼呼的辣湯很適合寒冷冬天享用，不過，要加多少量，就要自行斟酌了，如果不能吃太辣的人，就別弄出一鍋辣湯，以免不能入口就可惜了。

煮火鍋時可加入沾醬，甚至加入湯裡，這就成了辣味火鍋湯，那才真是夠味。

3.蒜頭用無菌水洗淨，去皮，切細末。嫩薑也以無菌水洗淨，切細末。5

4.辣椒末、蒜末、薑末拌入鹽及米酒，填裝入殺菌玻璃瓶。6

5.擺放陰涼處，天氣熱約一日發酵，天氣涼約2-3日，不希望發酸，只要發酵香氣足夠就置入冷藏保存。

紅酒燜牛肉

我不喝酒但是偶爾會拿酒入菜，紅酒雖然不是一般居家常備的酒品，但還算普及，而且只要嚐過紅酒牛肉這道菜很難不愛上它。

不過，西式口味的料理我家老公吃不慣，因此我大多會稍加改良，改變的重點主要是減少香料部分，保留並提升食材本身的香味。

一般而言，紅酒燜牛肉大多會使用牛肉塊來燉煮，吃起來才有口感，但是如果用的烹調工具是烤箱，就得多顧慮一下烤箱工具的特性，它必須花比較長的時間來料理，如果堅持用牛肉塊，可能會造成肉塊外表乾澀，內部卻沒完全熟的狀況，我想應該沒有人在吃五分熟或七分熟的紅酒燜牛肉吧。

這道料理我改用牛肉片，因為牛肉片較薄，烹調熟軟時間較快，紅酒也選擇偏甜口味，加上番茄煮過會帶酸味，兩個看似相互抵觸的味道，最後真正呈現出來的口感不但不衝突，也因為融合的關係，反而去掉了紅酒的酸澀。

我愛有點湯汁，因此不使用全紅酒而是加清水煮，若有牛骨高湯更好，湯頭味道也會更濃郁。

☑材料：

牛肉片200g、紅酒150cc、牛骨高湯或水200cc、洋蔥100g、西洋芹菜2片、薑兩片、月桂葉3片、牛番茄2顆、黑胡椒粉1/2匙、鹽1/3匙、糖1匙

☑作法：

1 紅番茄洗淨，從中對切成兩份，果肉朝下擺入小烤盤。牛肉片再切成2-3份置放烤盤。Ⓐ、Ⓑ

   貼心小提醒
   如果覺得牛肉片太薄，也可選用牛肉塊，自己切成厚片，會更有口感。

2 烤箱240度上火預熱10分鐘，番茄與牛肉一起擺進烤箱中層，烘烤15分鐘。Ⓒ、Ⓓ

   貼心小提醒
   牛肉高溫烘烤，才能避免滲出血水湯頭混濁。

3 番茄降溫去皮去梗切片。洋蔥去皮洗淨切絲。西洋芹菜洗淨，刨除外表粗纖維斜切片狀。Ⓔ、Ⓕ

   貼心小提醒
   番茄去皮口感較佳。

4 芹菜、洋蔥絲、番茄及月桂葉、牛肉、薑片置入耐熱陶鍋，加入紅酒、水、鹽、冰糖、黑胡椒粉，蓋上鍋蓋。Ⓖ、Ⓗ

   貼心小提醒
   使用紅酒若偏甜則不再加糖。

5 烤箱200度上下火預熱10分鐘，陶鍋擺放中層烤50分鐘。Ⓘ

6 陶鍋端出，夾出月桂葉丟棄。

紅酒是由紅葡萄釀製的，參觀酒廠時也見過釀酒，即便想要自己釀也不是太難，只是，過程略嫌繁鎖，因此，不建議大家自己釀紅酒，大賣場現成販售的就有很多可以選擇了。

這裡想和大家聊聊和紅酒一樣，有著鮮豔的紅，但卻沒有酒精成分，健康滿分的「洛神花」。為什麼會談這個呢？因為如果這道料理，用洛神花熬汁出來做，也很棒喔。

我個人十分喜歡洛神花。在寫第一本書《30分鐘動手做醃漬料理》曾經考慮將它納入，不過當時沒碰到產期因此作罷。這次就想一定要把洛神花放進來，而這一道正好合適。

以往只拿洛神花做醃漬，沒想過拿它入菜，在台東卑南鄉嚐到洛神肋排、洛神拌過貓，都很美味，所以我也想用洛神汁取代紅酒，相信也會有不同的風味。

洛神花

料理大變身：

紅酒燜牛肉會剩下的，大概就是湯汁了。

湯汁的運用自然簡單，像是紅酒牛肉湯麵，或是在湯汁裡，加上一些鮮蔬，也能夠做出不一樣的料理。

不過，這裡我還是想要改造一下紅酒燜牛肉的本身。將紅酒以洛神汁來代替。首先，自然是將洛神花熬出汁，然後把上面步驟的是紅酒的部分，換成洛神花汁，藉著洛神花天然酸甜的滋味，提升牛肉的清爽口感。相信你會愛上的。

香菇燗蛋

冰箱蛋架上總排滿雞蛋，因為家中大小男人都愛，荷包蛋、滷蛋或蒸蛋，只要是雞蛋料理，都不挑。因此，沒時間上菜市場又找不到食材時，蛋就是料理的最佳食材，也是端上桌永遠不會被嫌棄的菜餚。

小朋友愛吃蒸蛋，就連我家的大男人也愛蒸蛋，因為軟嫩美味，拌飯吃容易入口，一會兒就能吃下一碗飯。就因為蒸蛋有這種特性，所以，在做這道料理時，一定要維持軟嫩才會好吃，這個重點就千萬別忘記。

不過，這道料理中，蒸蛋和香菇的易熟度不同，該怎麼讓他們能一起熟，蛋不會變硬，香菇也不會因為時間不夠而不熟呢？技巧就在食材的處理上。只要把香菇切成薄片，自然能解決這個問題。若是擔心薄片的口感不夠好，那也可以切成有一點厚度的小丁狀，不但保留了口感，也不用擔心不熟，一舉兩得。

鮮香菇小2朵、雞蛋2顆、鹽1/6匙、水100-120cc

☑ 作法：

1 鮮香菇洗淨瀝乾，切薄片。

2 雞蛋洗淨去殼，打散，加鹽、水攪拌均勻。

    貼心小提醒
    市售雞蛋一顆重量約在50-60g，視大小調整水量。

3 準備兩個有蓋小陶缽。

4 先將香菇擺入小陶缽底，擺上過濾網，再將蛋汁緩慢倒入，以濾除泡沫。

    貼心小提醒
    倒好蛋液再檢查，若有小泡沫要再用小湯瓢撈除。

5 烤箱上下火170度預熱10分鐘。

6 兩個陶缽蓋上鍋蓋，擺入烤箱中層，170度烘烤20分鐘。

    貼心小提醒
    燜蛋不宜使用高溫，中低溫慢慢烘烤效果更好。

7 烤好先別取出，利用烤箱餘溫再燜10-20分鐘。

    貼心小提醒
    視用水量調整燜的時間。

雞蛋有抗生素你知道嗎？與CAS協會人員聊起食品檢驗，她也是親身前往農場參與後，才知道抗生素過量使用的嚴重性，還有未經洗選雞蛋的汙染問題，可是，因為篩選加上檢驗得多付出時間成本，很多賣場都不願意進貨，因此想購買檢驗合格的雞蛋不是那麼容易。

這又讓我想起父親用心良苦在檸檬園裡養了幾十隻雞，就只為了讓家人吃到最健康的禽肉跟雞蛋，想來已有十多年，每天都能在果園裡收集好多雞蛋，弟弟跟孩子們真的很幸福，自然再也沒吃過市售雞蛋。

果園的雞隻

料理大變身：

燜蛋若經過冷藏，建議還是必須做回烤加熱的動作，才不會影響料理的美味，但若是放在室溫下，則可以直接食用。不過，如果一次要做很多放置，最好在料理時，加入一些料理用酒，便可去掉雞蛋本身的腥味，以免一旦放冷，就有腥味出來，不好吃也不好聞。

烤箱170度上下火預熱5分鐘。準備比烤缽略大烤碟，盛裝少量熱開水，烤缽置入水中，蓋子留一縫隙，烤箱烘烤5-8分鐘，將一片壽司海苔片置入烤箱，蛋與海苔續燜5分鐘，取出。

準備壽司竹簾及1/2碗冷白飯，放置海苔上，燜蛋若水分太多就要先瀝除，再鋪於米飯上，再加些生小黃瓜絲及柴魚香鬆，捲起海苔，做成燜蛋壽司飯糰。

Part3

小點心：
省時省力，
　　輕鬆吃點心

杏仁核桃酥片

愛上堅果是這幾年的事，烘培香酥的堅果最容易不小心吃過量，不過這種容易上火比較不健康，雖然愛吃，還是要盡量控制。

烘烤成酥片也是相同的道理，飲食還是必須節制，過量都不好，不過這裡沒有添加任任何油脂，多少可以減少一些非身體必需品。

也因為少了油脂雖然一樣屬酥脆口感，但還是略為有些差異，因此品嚐這塊酥片時，請別苛求一定要像市面的杏仁酥片那樣脆口。

☑材料：

杏仁片60g、碎核桃30g、蛋白3顆、低筋麵60g、細砂糖3大匙、鹽1/6

☑作法：

1 雞蛋洗淨，去殼取蛋白，使用蛋液100CC。

2 蛋白加入細砂糖順時鐘攪拌溶化。 Ⓑ

3 麵粉過篩分兩次加入攪拌。 Ⓒ、Ⓓ、Ⓔ

> **貼心小提醒**
> 輕輕攪拌避免跑出太多氣泡。

4 核桃、杏仁片、鹽加入麵糊，輕輕拌勻。 Ⓕ

> **貼心小提醒**
> 核桃顆粒較大，略微壓開再加入。

5 準備烤盤紙，每次取麵糊一大匙，一盤可做6個。

6 用湯匙底部將麵糊推開，盡量推薄，也可用手指沾水推開麵糊。 Ⓖ

> **貼心小提醒**
> 麵糊推的越薄，烘烤好的餅口感越脆。

7 烤箱180度全開預熱10分鐘，麵糊擺入烘烤30分鐘，停留烤箱內燜5-8分鐘再取出。

8 取出放置涼透置入保鮮罐保存。

大家都知道堅果好吃，因為它夠香又帶有油脂，可曾注意過客家擂茶除了茶葉還添加堅果，也因此香味更濃更吸引人。

新竹食材之旅第一次體會自己動手擂茶的樂趣，做一份擂茶非常需要耐心，要先把綠茶給完全磨碎，再加入堅果，有花生、葵花子、黑白芝麻，手持木棍持續轉圈磨擦陶盤，將這些食材全都磨碎還不夠，必須磨到出現油脂，最後才沖入熱開水，添加紅豆、爆米粒及糖水，這樣才能享用擂茶。

擂茶可以是甜湯也可以是鹹湯，我倒是偏愛原味擂茶，可以品嚐到茶的原味及堅果香氣。

擂茶

料理大變身：

酥片顧名思義就是既香酥又脆口，雖然好吃不過也容易上火，畢竟烘烤食物也屬乾燥食物，所以食用數量還是必須稍加控制。

但是這樣的食物可適量添加在清淡料理中增加香氣，例如沙拉、飯糰，或芝麻糊、麥片粥。

使用清爽的日式沙拉醬或是油醋醬，將酥片置入塑膠袋中壓碎，灑上沙拉增加香氣，加入飯糰則可代替油條。

香蕉堅果鬆糕

我 不愛做蛋糕，因為常失敗，雖然失敗的原因已經找出來了，但再做總還是難以成功，自然就興趣缺缺。唯一例外的就是鬆糕，它不像蛋糕規矩那麼多，而且成功率非常高。

也因為失敗率不高，製作程序也較為單純，因此特別想把這道小點心介紹給與我有相同困擾的朋友們，只要你有一台小型手持打蛋器，這款鬆糕就能夠隨你做改變，堅果可做替換、水果也可替換，但還是建議以水含量少的水果為主，否則還是難以避免失敗。

在決定做鬆糕時，我一直在想，該做什麼口味的呢？突然，我想到台灣最有名的香蕉。香蕉水分適中，口感綿密，有一定的飽足感，將香蕉加入，相信滋味應該不錯。

然而，畢竟是第一次嘗試，心裡還是有點忐忑，沒想到烤出來的口感奇佳，再加上香蕉獨特的迷人香氣，就連平常不太敢吃香蕉的朋友，都直誇好吃呢。請你也來試試看吧。

☑材料：

碎核桃30g、杏仁角30g、雞蛋2個、香蕉100g、低筋麵粉150g、砂糖40g、無鋁泡打粉3匙、牛奶150cc

☑作法：

1 雞蛋放置室溫下回溫。鮮奶離開冷藏放室溫下10分鐘。

2 雞蛋洗淨去殼加入糖，用電動打蛋器打發，續加入牛奶拌勻。Ⓐ、Ⓑ、Ⓒ

3 麵粉過篩與泡打粉分3次加入蛋液中。Ⓓ

> **點心小提醒**
> 用手動打蛋器小範圍滑動攪拌，避免產生氣泡，確認麵粉無殘留顆粒。

4 香蕉去皮切片，改用刮刀，加入碎核桃、杏仁角、香蕉片拌勻。Ⓕ、Ⓖ

> **點心小提醒**
> 攪拌動作要輕，避免把香蕉片攪爛。

5 麵糊倒入兩個6吋模型中，七分滿即可。Ⓗ

> **點心小提醒**
> 填好麵糊拿起模子，像自由落體一樣往桌上摔幾下，敲出氣泡。

6 烤箱全開160度預熱10分鐘，麵糊入烤箱中層烘烤45分鐘。

7 取出用竹籤插入確認，只要竹籤上沒有濕麵糊，即完成烘烤。

> **點心小提醒**
> 因為每台烤箱的溫度多少有點小差異，萬一竹籤上還有濕麵糊需要回烤，溫度不變，但時間最好是3-5分鐘即可，不要一次調太久，以免烤乾、烤硬。

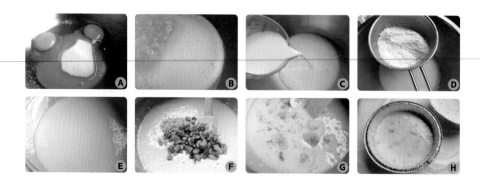

小時候可說是香蕉吃到膩，因為我出生在產香蕉的屏東縣，左鄰右舍都是蕉農，所以吃香蕉免費，家裡隨時都堆滿香蕉。

那個年代香蕉還是外銷日本最大宗的水果，當時聽說只要衣服沾有香蕉汁液都是富有的代表，因為都是外銷大戶。

而今在其他東南亞國家競爭下，香蕉外銷不再是主流商品，不過售價卻是高的嚇人，幾次還沒吃完就太過熟軟，不想浪費只好趕緊處理加入烘培，也為我的甜點增加香氣。

未成熟香蕉串

香蕉串與花蕊

料理大變身：

鬆糕放置冰箱冷藏多日容易乾燥口感差，但放置冷凍則可以保存較長的時間，退冰後即可食用，若怕不新鮮或口感不好，建議可取一半食材，只做一個小鬆糕即可。

或許你會想問，萬一還是吃不完怎麼辦？那就做點小改變吧！

首先，把鬆糕切成2cm左右的厚片，然後再準備一顆新鮮雞蛋，把蛋打散，再將切好的鬆糕均勻的沾裹蛋液。接著，再在平底鍋中塗抹少量奶油，把沾裹有均勻蛋液的鬆糕下鍋煎香兩面，成品就很像法式吐司，內含物卻又不同，但相同的是一樣美味。

黑糖核桃薑餅

三種主食材都是公認的健康食材，黑糖含有豐富礦物質，核桃是富含油脂的種子食物，富含必需脂肪酸及豐富的纖維以及易消化吸收的優質蛋白。

核桃帶著油脂，可老薑是冬天必備的食材，煮藥膳、雞酒、黑糖薑茶，除了去腥還能禦寒，感冒時更需要來一杯薑湯，喝了薑茶全身就都暖和了。

薑有特殊香氣且帶有微辣，卻也不像辣椒那樣刺激，真的完全不能吃辣的人可以把老薑減量1/3-1/2，依然帶有淡淡的薑味，不過水分可能不足必須酌量增加。

保存方式：：
夏天室溫下可保存 7 天，冬天可以在室溫下保存 20 天。
若想保存更長時間，放置冷藏或冷凍儲存，食用前再退涼，
烤箱 100 度低溫回烤約 10 分鐘，餅乾離開烤箱降至室溫
即可恢復酥脆口感。

☑材料：

老薑100g、黑糖粉80g、核桃丁100g、低筋麵粉500、泡打粉2匙、雞蛋2顆（使用蛋液130cc）、鹽1/4匙

☑作法：

1 雞蛋置放室溫下，去殼，雞蛋打散。

貼心小提醒

這配方使用蛋液130cc，使用的雞蛋若較小蛋液少，請再增加用量。

2 薑刷洗乾淨，用磨泥器具磨成薑末，與黑糖加入蛋液中拌勻。 Ⓐ、Ⓑ

3 核桃顆粒較大，用桿麵棍略微壓碎，再加入蛋液中。 Ⓒ

4 麵粉過篩與泡打粉分3次加入，加入一次都用切壓方式略微攪拌，最後一次才完全拌勻，切勿快速繞圈攪拌，以免麵粉出筋，全部融合成一麵團。 Ⓓ、Ⓔ

貼心小提醒

最後麵糰用手拌較容易，麵糰太濕潤可再增加少量乾麵粉。
麵粉多準備50g，一部分留做手粉。

5 取麵糰每一份20g揉圓擺上烤盤紙，每個麵糰周邊間隔1cm，中型烤箱可擺12個。 Ⓕ

6 手指沾上手粉，壓平麵糰，外型不必太刻意調整，確認厚度一致。 Ⓖ

貼心小提醒

每次沾手粉記得拍掉，免得麵糰都是白色麵粉印記。

7 烤箱180度全開預熱10分鐘，薑餅擺入中層烘烤30-35分鐘。 Ⓗ

8 確認餅乾是否烘烤乾爽，餅乾涼透再擺入密閉罐儲存。

Amanda
的心情廚房

薑是很特別的辛香料,不分鹹甜料理都能表現出色,薑母鴨、麻油雞、羊肉爐,這些可祛寒藥膳若沒有它可就走味了,尤其羊肉這種腥味較重食材,更不能缺少薑。

桂圓薑茶、紅棗薑茶、黑糖薑茶這幾款甜湯可在寒冷冬日趨寒暖身,感冒時更是最佳飲品。

買了老薑偶爾剩下一小塊總是放到發芽,幾次種植才發現不是那麼容易,特別到斗六採訪特殊農作產銷班,見到這一大片薑園,真是敬佩農民的好技術。

斗六薑園

料理大變身:

這款餅乾因為不添加油脂口感較硬,缺點是牙口不好可能咬不動,優點是更耐放好儲存,若牙口不好可浸泡牛奶食用。

這款餅乾掰碎可添加沙拉,很適合用在乳酪蛋糕或提拉米蘇,舖放底部做蒸烤,能為這些甜點增加香氣。

芝麻香Q餅

麻糬是我小時候最愛的甜點，想當時跟弟弟妹妹們總會為了挖麻糬弄斷幾根筷子，不記得是否被爸媽罵，不過卻記得中秋節一定有麻糬可吃。

成年後才知道客家麻糬跟小時候吃的口感完全相同，主要當然是純米磨漿蒸煮，兒時我家種稻米家裡總會儲存著一整年食用米，需要糯米才會上雜糧行添購，爸媽手藝好每次做的麻糬口感特別Q，難怪我家孩子常挖斷筷子。

當時很容易找到代工磨米，現在這行業幾乎找不到了，除非家中有特別好的果汁機才能磨出細緻米漿，因此想動手做麻糬只好選購方便的糯米粉。

☑材料：

外皮： 糯米粉150g、白芝麻半杯、熱開水75g、冷開水35g

內餡： 熟黑芝麻50g、砂糖2大匙

☑作法：

1 黑芝麻粒與砂糖置入調理機攪碎成粉末。或使用黑芝麻粉與糖粉。 Ⓐ、Ⓑ、
　Ⓒ

2 糯米粉100g放入大碗中，75g熱開水繞圈沖入，取筷子快速攪拌均勻。 Ⓓ、
　Ⓔ

> **貼心小提醒**
> 攪拌要快不然粉結塊就無法拌均勻。

3 糯米糰略微降溫再用手揉捏成糰。

4 另外50g糯米粉以冷水35g攪拌均勻，一樣用手揉捏成糰。

5 兩顆冷熱糯米糰混合在一起，置放工作檯推揉一會兒可增加Q度，分成6等
　份，每份40g。 Ⓕ、Ⓖ、Ⓗ、Ⓘ

6 取一個糯米糰，揉成圓型再按壓開，中央放入一份黑芝麻糖粉。 Ⓙ、Ⓚ

> **貼心小提醒**
> 麵糰別過度按壓，邊緣容易裂開。

7 收起邊緣，再揉捏成圓形，輕壓成扁圓形。

> **貼心小提醒**
> 收邊時當心別沾到內餡，容易沾黏不住甚至破裂。

Amanda
的心情廚房

大家所熟知的麻糬有不包餡裹花生糖粉，還有包餡麻糬，又以紅豆麻糬最受大眾喜愛，更有日本大福（日式麻糬），除了個頭比較大，包餡還包水果。

這些麻糬中我還是偏愛，從小吃到大的原味麻糬，只要沾裹花生糖粉就能吃下一碗。

苗栗三灣之旅嚐到味道完全不一樣的客家麻糬，除了糖漿跟花生粉看不出還有哪裡不同，嚐了一口發現居然是溫熱的而且還加了薑末，風味特殊很適合秋冬享用。

客家麻糬

8 糯米餅快速過水，再放入白芝麻裡按壓，讓表面全部沾上一層白芝麻。 **L**

9 烤盤鋪上烤盤紙，麻糬餅間隔排放，覆蓋鋁箔紙。 **M**

10 烤箱160度上下火預熱10分鐘，麻糬餅擺入烘烤15分鐘。

烤熟的麻糬餅會膨脹，別再過度烘烤會變得乾硬。

料理大變身：

這款麻糬Q餅沒食用完不適合再做回烤，因為會越烤越硬，一般來說麻糬適合冷凍保存不適合冷藏，取出退冰就能再食用。

要是吃不慣建議放入盤子蓋上鋁箔紙，底下烤盤加一碗水再做回烤，這比較像蒸。

或是準備糖漿水煮開，再加入麻糬Q餅再滾煮約1-2分鐘，糖漿中可預先加入少許薑片煮開，味道會更棒。

Part 4

想到的都能烤：
主食不用想破頭

南瓜煲飯

南瓜又稱為金瓜，金瓜其實是台語直翻，因為黃色外皮以及亮澄澄的金黃色果肉故而得此名。最知名的餐點即是「金瓜米粉」，這道很平實的小吃，只要產南瓜的地方都有它的蹤跡。

不論是蒸煮烤炸，南瓜都有不同的表現，蒸煮過的南瓜自然會釋出香甜氣味，這道煲飯雖用烤箱，其實是利用水氣在砂鍋循環煮加烤烹調出鮮甜米飯。

煲好的米飯軟中帶Q，香味十足，如果想吃像韓式石鍋拌飯那種，帶有一層鍋巴的口感，建議可以多烘烤五分鐘，煮熟先不盛出米飯，讓砂鍋熱氣把底部米飯給烤硬結鍋巴。

☑材料：

南瓜約100g、白米一杯、櫻花蝦1大匙、紅蔥酥1大匙、梅花肉絲50g、醬油1.5匙、鹽1/8匙、白胡椒粉1/4匙、水1杯

☑作法：

1 南瓜刷洗乾淨外皮，切成3cm寬0.3cm厚片狀。白米洗淨，瀝乾水分。Ⓐ

2 梅花肉絲上面擺放蝦皮，置入耐熱砂鍋。Ⓑ

3 烤箱上火240度預熱5分鐘，肉絲、櫻花蝦進烤箱烘烤12分鐘。Ⓒ、Ⓓ

4 取出砂鍋，趁熱加入白米、醬油、紅蔥酥、白胡椒粉、鹽攪拌均勻。Ⓔ

5 拌好白米攤平鋪上南瓜片，加1.2-1.5杯水。Ⓕ

> **貼心小提醒**
> 烤箱做煲飯水分是關鍵，原則是宜增加
> 不宜剛好或減少，以免米心不熟。

6 烤箱先預熱，170度上下火10分鐘。

7 砂鍋蓋上鍋蓋擺進烤箱，烘烤45分鐘，續燜10分鐘再取出。Ⓖ

> **貼心小提醒**
> 想要讓美味加分，可以用高湯代替清水。這裡還要注意的是，因為
> 南瓜本身已經有甜味，因此建議不要再添加任何含糖分的調味。

酥烤紅蔥酥

　　這裡建議最好使用台灣紅蔥頭，量多量少都可以，比較建議至少300-600g，可先以烤箱烘烤好，等涼透後再儲存冷凍備用。

　　紅蔥頭切薄片面積大且帶有很多水分，因此一開始溫度可以高一些，接著再逐漸降低溫度，最後用餘溫燜，別想一次烤到好反倒容易焦了。

萬聖節雖是西洋節日，但近年來，在台灣也掀起不小的萬聖節熱潮，每逢十月接近月底的時，許多幼兒園、安親班，甚至小學都有歡樂的萬聖節扮裝遊戲，俏皮的南瓜果雕更是隨處可見，只是，這個時候的南瓜，它的定位是娛樂，而不是食用果實。

南瓜在鄉村的農田裡算是常見的，只是，我見過的大多是葫蘆形，但有一回，參加宜蘭壯圍觀光果園的活動時，卻見到許多千奇百怪、造型迥異的南瓜，讓既有印象中那種只能吃的南瓜又多了些趣味性。

南瓜

料理大變身：

對家庭主婦來說，米飯類沒吃完時的處理是最容易的，攪拌後捏成飯糰、加點茶湯可以成為泡飯，也可以加點水或高湯熬煮成鹹粥，再不然，煎成飯餅也香酥可口呢。

若想在味道上有一點變化，讓自己感覺不像是在吃剩飯，那不妨準備一點茭白筍絲、黑木耳……等食材加入（偶爾也可以適度的加入一些冰箱裡的剩菜喔），拌開後，再以小火滾煮5分鐘，怕不夠鹹，可適量的加些鹽來調味（當然，也可以利用食材天然的鹽味，例如淡榨菜或是鹹菜等），熄火前再加少許芹菜末、白胡椒粉增添香氣，就立刻完成囉。

這樣的粥味道也不差，而且非常簡便，說是創意料理倒不如說是剩菜改造。

作法：

1. 紅蔥頭洗淨，去皮切除頭尾，切薄片。鋪放不沾烤盤，攤開。

2. 第一次入烤箱不預熱，170度上下火烤20分鐘，取出攪拌。

3. 第二次140度上下火烤30分鐘，一樣取出攪拌。

4. 第三次120度上下火烤20分鐘，續燜至涼透再取出。10-15分鐘時最好觀察一下免得過焦。

烤素方包

部落格寫了十年，發現部落格中，標示「素菜」的那個分類，點閱率就不如其他分類，彷彿素菜就和美味絕緣似的。

也難怪大家有這種想法，做菜就是要爆香才美味，然而，宗教素食對於辛香食物，例如蔥、蒜、洋蔥、韭菜等，都是禁止使用的。但在現在風行的蔬食料理就比較沒有這些限制了，除了肉以外，任何蔬果辛香料都可食用，多了辛香料這道料理自然多了些特別的香氣，口感也有很大的不同。

這一道雖說是全素，包裹的都是不經調味的蔬菜，但搭配豆皮經過烘烤非常酥脆可口，單吃就非常美味，當然喜歡沾醬也可搭配番茄醬或酸辣醬提味。

☑ **材料：**

長豆皮一個、黑木耳2大片、地瓜1小條、胡蘿蔔1小段、山藥一段、茭白筍1根、嫩薑1小塊、海鹽1/3匙、砂糖1/4、白胡椒1/4、麵粉一大匙

☑ **作法：**

1 黑木耳洗淨切絲。胡蘿蔔洗淨去皮切細絲。地瓜洗淨去皮，切細條。Ⓐ、Ⓑ

2 山藥去皮，洗淨切條。茭白筍去殼消除根部粗纖維，洗淨切絲。薑洗淨切絲。

> **貼心小提醒**
> 處理山藥請戴上手套，可避免皮膚搔癢。地瓜、山藥切寬條口感較好。若不愛吃薑的朋友可以不用加。

3 豆皮泡水10分鐘軟化，清洗數次擠乾水分。Ⓒ、Ⓓ

> **貼心小提醒**
> 炸過的豆皮油脂多，想去除可再浸泡熱水，撈出再洗淨，擰乾。但這個步驟要特別小心，以免把泡過的豆皮弄破。

4 黑木耳絲、嫩薑絲拌入胡椒粉、海鹽及砂糖。Ⓔ

5 豆皮攤開剪成兩份，邊緣較硬部位減除。麵粉加水一大匙調成麵糊。Ⓕ、Ⓖ

6 取一份豆皮，對向邊緣抹上一層厚麵糊，中心鋪上地瓜條、胡蘿蔔絲、山藥、茭白筍及拌調味料的黑木耳。Ⓗ、Ⓘ

> **貼心小提醒**
> 豆皮容易破裂，也可以購買腐皮或是豆包使用。

> **貼心小提醒**
> 豆皮兩側若是不完整可先剪下，切絲跟餡料一同加入包裹。

Amanda
的心情廚房

曾在行腳節目上看過陽明山上種山藥，一直也以為台灣山藥種植地只有陽明山，後來知道宜蘭也有種。

參與台北希望廣場活動來到雲林特有農場，種植的農作都是市場上較為少有或罕見的，山藥就是其中一款，而且聽說這裡的山藥品質非常好，讓我更加期待。

這一條綠色隧道就是山藥，掛在上頭的可愛綠色小葉片都是山藥花朵，長地底下的山藥會彎曲變形賣相差，還特別把它們擺進水管，採收時直又長也白皙乾淨。

在此地帶回幾根山藥口感非常好，只是菜市場很難找到，據我所知大多集中在農夫市集。

山藥花朵

7 手掌抓住豆皮邊緣往前捲裹，盡可能捲緊，邊緣按壓沾黏麵糊，缺口朝下。另一份同樣方式捲好，擺入烤盤。 **J**、**K**

8 烤箱預熱220度全開10分鐘。素方包擺入烤箱中層，220度全開烘烤25-30分鐘。 **L**

9 取出趁熱切塊食用。熱食外酥內軟，冷食外皮口感則變得有些Q。

料理大變身：

素方包吃剩的怎麼辦呢？

其實，變身的方法還不少。

第一，把素方包切成碎丁，添加少許豆腐丁、芹菜末，再準備簡單醬汁：醬油膏加兩倍冷開水稀釋，調入1/2味醂，1/4檸檬汁，就淋在碎末上頭，一道像香鬆又不是香鬆的剩菜料理一樣很可口。

第二，把素方包切成5cm大小，放入鍋中，加上一點醬油和糖，就變身為紅燒素方包了。

第三，把剩下的素方包打散，加點油在鍋內，拌炒一下，就成了素什錦。

其實，怎麼變都行，只看你想吃什麼樣的料理，可千萬別先入為主的以為剩菜就不好吃喔。

瓠瓜烤餅

瓠瓜煎餅是我小時候最愛的蔬菜餅之一，媽媽的作法很簡單，除了麵粉、太白粉或地瓜粉，加點鹽巴，還有以前國人都愛使用但卻不健康的味精，當時雖沒有特殊配料或調味，我們還是吃得很開心又滿足。

這道就是由媽媽的煎餅延伸出來的，我把原來全素的烤餅加入了香氣滿分的櫻花蝦，以及一些提味的辛香料，為了能夠增加烤餅的Q度，粉的比例也做了些修改，調味料也去掉了不太健康的味精，目的就是希望能夠做出更健康、更爽口的瓠瓜烤餅。

不過，聰明的你發現了嗎？瓠瓜烤餅其實還真是一道「可塑性」極高的料理，愛吃海鮮的人可以和我一樣，加個櫻花蝦或是鮮蝦仁；愛吃肉的，可以加上絞肉或肉片；愛吃蔬食的，自然可以再加入像是茭白筍丁，或是馬鈴薯丁、蘿蔔丁之類的，都是不錯的嘗試，要不要動手做做看呢？

☑材料：

瓠瓜300g、櫻花蝦2大匙、麵粉6大匙、地瓜粉3大匙、雞蛋1顆、蔥1根、鹽1/4匙、砂糖1/2匙、白胡椒粉少許

☑作法：

1 雞蛋洗淨，蛋液打入碗中，打散。蔥去根洗淨，切末。
  櫻花蝦洗淨瀝乾水分。

2 烤箱170度上火不預熱，櫻花蝦置入烤碟，擺進烤箱上層，烤15分鐘。Ⓐ

3 瓠瓜洗淨去皮，刨絲，加鹽巴拌勻浸漬20分鐘，釋出的湯汁留下。Ⓑ

貼心小提醒
▶ 瓠瓜絲鹽漬時間必須控制，否則有可能太鹹，難以入口。

4 瓠瓜加入蛋液、麵粉、地瓜粉、蔥末、鹽、糖、胡椒粉攪拌均勻，
  最後再拌入櫻花蝦。Ⓒ、Ⓓ

貼心小提醒
▶ 瓠瓜拌好必須馬上進烤箱，否則會持續出水影響操作。

5 烤箱220度全開預熱5分鐘。

6 準備大烤盤，一次撈一大匙瓠瓜擺入，略為按壓整形，可做6個。Ⓔ

7 第一次220度全開烤22分鐘。Ⓕ

8 第二次上火200度烤10分鐘。

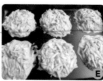

台灣的瓜果類不僅種類多產量也豐盛，或許有很多瓜果你未曾見過更不曾嚐過。

這顆佛手瓜就跟瓠瓜一樣不帶苦味，更不會有澀味，卻不如苦瓜在市面容易見到，其實它是大家常吃的龍鬚菜果食，或許就因為不熟悉也無人推廣，導致銷路欠佳。

有機會見到它可採購回家，可添加排骨熬湯，開陽爆香加入快炒，更可以在沒有青芒果時代替它醃漬成情人果，因為它完全沒有味道，必須加入檸檬汁增加酸味。

佛手瓜　　　　　　　　佛手瓜與龍鬚菜

料理大變身：

烘烤過的瓠瓜餅沒有食用完畢隔餐容易變得乾硬，不適宜再以烘烤方式加熱。

我喜歡搭配湯麵料理，湯頭完成再將瓠瓜餅掰開，入鍋煮約一分鐘有熱度即可。

因為加水煮過不僅不乾硬反而恢復軟嫩口感，也更容易入口。

40

蔥肉派

常說自己不挑食，但其實我就不是很愛吃蔥，只是也還不到厭惡的程度，因為我還是很依賴它，畢竟它在我的料理中擔任著非常重要的角色。

蔥白爆香或新鮮浸漬都可為食物增添香氣還能去腥，蔥綠除了去腥也能豐富整道料理，少了它的點綴料理，總覺得料理就少了點顏色，也就不是那麼美味。

不過，說不愛吃蔥，可蔥餅又是我最愛的麵點之一，而且蔥量越多越好，加太少總覺得吃不到青蔥，因此做蔥肉派我總會盡可能堆疊蔥花。

☑**材料：**
　中筋麵粉3碗、滾燙熱開水1碗、海鹽1/2匙、冷開水半碗、細絞肉50g、蔥6-8根

☑**醃肉醬料：**
　白胡椒粉1/8匙、嫩薑汁1/4匙、米酒1/4匙、醬油1匙、砂糖1/4匙

☑**作法：**

1 麵粉過篩置入攪拌鍋拌入海鹽，沖熱開水，快速攪拌均勻，冷水分次加入拌勻，麵團集中。 **Ⓐ**、**Ⓑ**

　　貼心小提醒
　　冷開水少量添加觀察水分足夠即停手。
　　麵團攪拌好會輕微黏手是正常。

2 麵團覆蓋濕毛巾或保鮮膜，夏天發酵半小時，冬天氣溫低需延長時間。 **Ⓒ**

　　貼心小提醒
　　天氣太冷可將麵團放置溫暖地方或擺進電鍋使用保溫。

3 細絞肉加白胡椒粉、薑汁、米酒、醬油、砂糖拌勻，置入冷藏醃漬半日。 **Ⓓ**

4 青蔥去根洗淨，瀝乾水分，切細末。

5 觀察麵團已經膨脹，按壓會馬上回彈，表示已經發酵完成，分成6-8等分。

6 取一份麵團於工作檯上，桿麵棍桿開成長方形，取兩大匙絞肉塗抹均勻，邊緣須預留1-2cm，均勻鋪上蔥末。 **Ⓔ**、**Ⓕ**、**Ⓖ**、**Ⓗ**

　　貼心小提醒
　　不想吃到太厚麵團，邊緣只要留下1cm。蔥加熱後會縮水，最好略為堆疊增加份量。

7 拉起邊緣麵皮開始捲裏，均勻往前捲成長條狀，再由一角順時針往內捲，尾端拉到中央塞入，放置三分鐘再略為壓扁。 **Ⓘ**、**Ⓙ**、**Ⓚ**

Amanda
的心情廚房

蔥是料理中不能缺少的辛香料，它很容易種植，只要購買蔥白較粗壯甚至略圓，那就是已經長出蔥頭了。

料理前總會把帶根蔥頭切除，必須連著蔥白切下約5cm，再將這一段連根鬚部位埋入土壤至少2cm深度，每日至少一次於早晨或黃昏澆水，很快就會長出新芽。

只要不整根拔除，需要時只切下上面的蔥綠，切割處會持續長新芽，一段時間後，根部還會長出紅蔥頭。

8 烤盤鋪放烤盤紙，蔥肉派上面刷水，擺入烤盤，每個間隔3cm。 **L**

貼心小提醒
　烘烤前刷一層水，烤好的餅皮才不會太硬。

9 烤箱220度上下火預熱10分鐘，蔥肉派置入烘烤15分鐘，取出翻面刷一層
　水，再入烤箱烘烤8分鐘。 **M**

料理大變身：

烘烤過的蔥肉派表皮酥脆偏硬，內部口感屬硬Q，烘過沒吃完若需再回
烤，最好先在表皮噴些水，避免回烤變得更乾硬而無法入口。

若是沒吃完想做改造，我會把蔥肉派切寬條，另準備一些蔬菜，茭白
筍、胡蘿蔔、大白菜及高麗菜都是很好的選擇，切絲比較快速烹調，少
許蔥白、少量油在鍋中爆香，加入上述食材炒軟，淋上半杯水、幾滴醬
油，少許鹽、糖調味，切條蔥肉派入鍋煮熱即可。

定價：599元

《實用中藥學：詳細介紹427種藥材、藥方與152種常備用藥》
吳棟／吳煥◎著

中藥來自天然，一般毒副作用較少

中醫在國際醫學研究上愈來愈受到重視，且深受使用者青睞。近年來隨著難治病譜的改變，健康觀念的擴充，醫學模式發生了重大的變革，醫學的目的由防病治病轉向維護健康，自我保健及治未病等。

定價：250元

《50歲以後，不要吃碳水化合物：不生病、不失智、不衰老的養生法》
藤田紘一郎◎著　李毓昭◎譯

日本熱銷15萬本！
因諾貝爾獎備受關注的「端粒」，你一定要知道的65種飲食法！

50歲開始改變飲食方式，就能健康活到125歲。 隨著年齡的增長懂得身體的需求，才是養生之王道。 因應食安問題，本書強調並提供各種天然食物的選法、作法、吃法，可靠又健康。

定價：350元

《從臉看男人女人》
李家雄◎著

從臉看性趣、從臉看健康、從臉來養生！
如何看男人女人，從臉見眞章。

本書以中國醫學《黃帝內經》爲基礎，融合筆者豐富的臨床實務，臉上聚焦，體會五官在動靜之間的奧妙。

定價：280元

《中醫教新手父母育兒經》
吳建隆◎著

生得好，也要養得好
──中醫全方位打造孩子健康的好體質

本書集結作者多年在內兒科看診的中醫經驗，針對孩童從出生到青春期各階段可能遇到的照顧問題，提供新手父母全方位的衛教知識，並用溫和、少副作用的中醫穴道按摩與食療來促進孩子的體內健康，讓孩子從小頭好壯壯，打好「登大人」的良好基底。

定價：320元

《莊靜芬醫師的無毒生活》

莊靜芬◎著

無毒，是一種健康態度、一種生活文化。

莊靜芬醫師以她親身實踐的無毒生活，
分享她的飲食健康吃、按摩輕鬆捏、
美容開心做、美學自然學。

定價：280元

《免疫傳輸因子》

亞倫·懷特◎著　劉又菘◎譯

**一般營養素，能增加體內作戰部隊的士兵數量。
而傳輸因子，確能完整提供關於敵營戰況與佈署的機密情報！**

傳輸因子是一種免疫訊息分子，能教育、提升並修復平衡人體的
免疫系統，具有恢復人體免疫智慧，讓失衡、錯亂的免疫系統回
復原有的敵我辨識與正確防禦的能力。

定價：250元

《當醫生罹癌時》

楊友華◎著

**該開刀、化療、還是放射線？
讓醫師用實際經驗告訴你正確的觀念與作法。**

醫生不只醫病，也會被醫！這是本病人和醫生都受用的癌症指引
書。 母親死於乳癌，身爲癌末病人家屬的楊友華醫師，深知癌症
患者求診時的不安，並以醫療人員的角度提供懇切的叮囑。

定價：290元

《養胎，其實很簡單》

章美如◎著

**懷孕、坐月子及產後調理大秘笈
懷孕婦女必讀的養胎聖經**

享譽中、日的防癌之母莊淑旂博士之外孫女、養胎達人章美如老
師生三胞胎，親身體驗獨特又有效的「莊淑旂博士養胎及坐月子
方法」，得到驚人的印證，體質得到改善。因此章美如老師特將整
套完整的養胎法訴諸文字與圖片，與所有讀者分享神奇的養胎法。

國家圖書館出版品預行編目資料

30分鐘，輕鬆做無油煙烤箱料理 / Amanda著：. －－ 初版.
－－ 臺中市：晨星，2015.02
　　面：　公分. －－（健康與飲食；86）

　ISBN 978-986-177-958-4（平裝）

1.食譜

427.1　　　　　　　　　　　　　　　　　103025994

健康與飲食 86

30分鐘，輕鬆做無油煙烤箱料理

作者	Ａ ｍ ａ ｎ ｄ ａ
攝影	子 宇 影 像 工 作 室
主編	莊 雅 琦
特約文編	何 錦 雲
校稿	吳 怡 蓁
美術編輯	曾 麗 香
封面設計	陳 其 輝

負責人　陳銘民
發行所　晨星出版有限公司
　　　　台中市407工業區30路1號
　　　　TEL：(04)23595820　FAX：(04)23550581
　　　　E-mail: health119@morningstar.com.tw
　　　　http://www.morningstar.com.tw
　　　　行政院新聞局局版台業字第2500號
法律顧問　甘龍強律師
承製　知己圖書股份有限公司　TEL：(04)23581803
初版　西元2015年2月1日

郵政劃撥　22326758（晨星出版有限公司）
讀者服務專線　（04）23595819＃230

印刷　上好印刷股份有限公司．（04）23150280

定價 290 元

ISBN 978-986-177-958-4
Published by Morning Star Publishing Inc.
Printed in Taiwan

以下資料或許太過繁瑣，但卻是我們瞭解您的唯一途徑
誠摯期待能與您在下一本書中相逢，讓我們一起從閱讀中尋找樂趣吧！

姓名：＿＿＿＿＿＿＿＿＿　性別：□ 男　□ 女　　生日：　　／　　／

教育程度：□ 小學 □ 國中 □ 高中職 □ 專科 □ 大學 □ 碩士 □ 博士

職業：□ 學生 □ 軍公教 □ 上班族 □ 家管 □ 從商 □ 其他＿＿＿＿＿＿＿

月收入：□ 3萬以下 □ 4萬左右 □ 5萬左右 □ 6萬以上

E-mail：＿＿＿＿＿＿＿＿＿＿＿＿＿　聯絡電話：＿＿＿＿＿＿＿＿＿

聯絡地址：□□□＿＿＿＿＿＿＿＿＿＿＿＿＿＿＿＿＿＿＿＿＿＿＿

購買書名： 30分鐘，輕鬆做無油煙烤箱料理

‧請問您是從何處得知此書？

□ 書店 □ 報章雜誌 □ 電台 □ 晨星網路書店 □ 晨星健康養生網 □ 其他＿＿＿＿

‧促使您購買此書的原因？

□ 封面設計 □ 欣賞主題 □ 價格合理 □ 親友推薦 □ 內容有趣 □ 其他＿＿＿＿

‧看完此書後，您的感想是？

＿＿＿＿＿＿＿＿＿＿＿＿＿＿＿＿＿＿＿＿＿＿＿＿＿＿＿＿＿＿＿＿＿＿

‧您有興趣了解的問題？（可複選）

□ 中醫傳統療法 □ 中醫脈絡調養 □ 養生飲食 □ 養生運動 □ 高血壓 □ 心臟病

□ 高血脂 □ 腸道與大腸癌 □ 胃與胃癌 □ 糖尿病 □內分泌 □ 婦科 □ 懷孕生產

□ 乳癌／子宮癌 □ 肝膽 □ 腎臟 □ 泌尿系統 □攝護腺癌 □ 口腔 □ 眼耳鼻喉

□ 皮膚保健 □ 美容保養 □ 睡眠問題 □ 肺部疾病 □ 氣喘／咳嗽 □ 肺癌

□ 小兒科 □ 腦部疾病 □ 精神疾病 □ 外科 □ 免疫 □ 神經科 □ 生活知識

□ 其他＿＿＿＿＿＿＿＿＿＿＿＿＿＿＿＿＿＿＿＿＿＿＿＿＿＿＿＿＿＿

□ 同意成為晨星健康養生網會員

以上問題想必耗去您不少心力，為免這份心血白費，請將此回函郵寄回本社或傳真
至（04）2359-7123，您的意見是我們改進的動力！

晨星出版有限公司 編輯群，感謝您！

享健康 免費加入會員‧即享會員專屬服務：
【駐站醫師服務】免費線上諮詢Q&A！
【會員專屬好康】超值商品滿足您的需求！
【每周好書推薦】獨享「特價」+「贈書」雙重優惠！
【VIP個別服務】定期寄送最新醫學資訊！
【好康獎不完】每日上網獎紅利、生日禮、免費參加各項活動！

廣告回函
台灣中區郵政管理局
登記證第267號
免貼郵票

407
台中市工業區30路1號

晨星出版有限公司

填回函・送好書

填妥回函後附上 50 元郵票寄回即可索取

《全球樂活潮》

希望能創造較好而不是較新的生活；
如果有助於環保或防止地球暖化，
願意多付稅金或購買較昂貴的商品；
認為施政或政府支出的重點應該放在兒童教育和健康、
地區再造和創造永續的地球環境上。
你有以上的樂活特質嗎？

特邀各科專業駐站醫師，為您解答各種健康問題。
更多健康知識、健康好書都在晨星健康養生網。